前進研發生物藥的尖端，化病毒為科學的前瞻療法

醫師科學家陳立光
的病毒視界

免疫學教授、病毒與毒物專家　陳立光 ◎著

H₂O 原水文化

【卷 1】 超級細菌 & 噬菌體

3

【卷 3】 冠狀病毒家族

【卷 4】 病毒也有季節偏好？

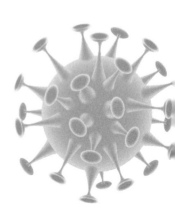

【卷5】 從急診觸發的研究

【卷6】 陳立光的人生解密：急診醫師、病毒免疫學教授與毒物專家

見微知著的醫師科學家
化病毒為解藥

林俊龍

（慈濟醫療法人執行長暨心臟內科專科醫師）

　　陳立光教授是臺灣醫界極少數，已經取得哲學博士學位，才從醫學教育與研究領域回到臨床接受住院醫院訓練成為急診醫師，在臨床、教育、研究三方面同步前進，並不斷自我超越、創新研發的非常頂尖的醫師科學家。

　　身兼多職的陳立光教授，來到花蓮慈濟醫院接受住院醫師訓練後，成為急診專科醫師，因此特別研究影響東臺灣民眾生命與健康的蛇毒、恙蟲病，研發出鎖鏈蛇毒血清、立克次體單株抗體等；他為東臺灣創立了國家等級的 P3 病毒實驗室，SARS、狂犬病毒等等高毒性的病毒株，都是他甘冒生命危險親自取樣；他也帶著研究生去臭水溝撈出能夠對治超級細菌的噬菌體⋯⋯

　　對於抗生素產生抗藥性的細菌就是超級細菌，一旦造成感染，是醫療團隊很難處理的問題，嚴重時更可能會帶走病人的生命。對於鮑氏不動桿菌、綠膿桿菌及腸道桿菌這三種被世界衛生組織列為最危急的第一級多重抗藥性的超級細菌，陳立光教授的實驗團隊研究找出可以吃掉這三種超級細菌的噬菌體，並研發出噬菌體清潔劑，運用於防範院內感染措施，成效顯著。陳教授簡

單說明：「噬菌體就像是針對細菌的標靶藥物。」在 2015 年的八仙塵爆意外事件，臺北慈濟醫院收治許多燒燙傷患者，陳教授當時就前往協助，運用噬菌體環境清潔劑有效阻止傷患因感染超級細菌而病情惡化的情況發生。陳立光教授主持的病毒實驗室儲存了全世界最多、約五百株的噬菌體，可以對抗目前被發現的絕大多數超級細菌。陳教授也因此獲得國家新創獎的臨床新創獎，及《經理人月刊》頒發社會公益創新類的年度 Super MVP 獎項。

在醫學與研究的路上，陳立光教授致力於研發出難治病症的解藥，包括單株抗體、幹細胞、病毒等的生物製藥，陳教授帶領的研發團隊走在生物製藥的尖端，可說是精準醫療的先鋒。

陳教授秉持證嚴上人常提醒醫療人員的「救人不能等」，他說自己是「與毒有約，不能等」，期待管理生物藥劑產品的法規早日通過，讓生物藥劑早日合法化，搶救危急重症病人的生命與健康。

二十多年來，直到現在，陳立光教授始終如一的穿梭在急診室、病毒實驗室、病房、教室等等各種不同的空間，實踐身為醫師科學家守護生命、守護健康的許諾。

病毒、細菌與毒物的世界，透過陳立光教授的敘述，將複雜的作用機制變得淺顯易懂，一般民眾得以理解，不需畏懼，甚至可以化「毒」為「解」，研發出對治癌症重病的解藥；從書中也得以簡要了解陳立光教授的生平故事，人格特質養成的過程，足為後輩醫學新人的典範；欣見《醫師科學家陳立光的病毒視界》出版，樂為之序，誠心推薦給各位讀者，感恩。

一起研發救命新藥的先驅夥伴

林欣榮
（花蓮慈濟醫學中心院長）

COVID-19 新型冠狀病毒肺炎造成全球的疫情，從 2019 年底到現在才看到接近尾聲的跡象。

回想起 2003 年初，臺灣爆發 SARS 疫情，我到花蓮慈濟醫院接任院長才一年多，就面臨這個嚴峻的防疫考驗，那時病毒實驗室的陳立光教授就是我們醫院堅強的後盾，比起新型冠狀病毒肺炎，SARS 疫情在短時間內很快結束，東臺灣沒有確診個案。還記得在 2003 年 7 月，也就是 SARS 疫情結束後不久，國際病毒研究權威彼得斯（C. J. Peters）教授及夫人特地來到我們醫院演講，也代表德州大學與花蓮慈院簽約合作。

彼得斯教授曾任德州大學新興感染症及生物防護中心主任、前美國疾病管制局特殊病原組（病毒及立克次體）主任，是陳立光教授在美國留學時的老師，我還記得那次會談也討論到協助建立新興病毒的診斷和治療方法，以確保全球慈濟志工的健康及安全。

這些年來，花蓮慈濟醫院團隊也致力於新藥、新器材的創新研發，陳立光教授當然也是腳步不停歇的在進行病毒與毒物抗體的研究。我的專長是腦神經外科，研發的重點也以抗惡性腦疾及抗神經老化為主，很開心，近年來已取得不錯的成績。例如：HK-001-Wafer 對抗人類惡性腦膠質瘤（GBM），以中藥小分子藥物靶向 SOX2 的小分子 LF-001 應用於肺纖維化的治療，可以抑制肺纖維化形成相關的第一型膠原蛋白產生，減少肺纖維化，研究

計畫屢獲國家新創獎。陳立光教授在 2016 年也以「超級細菌的剋星——噬菌體清潔劑」獲得國家新創獎。

　　自從新冠疫情發生後，上人帶領我們除了以中草藥複方研發淨斯本草飲系列茶飲，也加緊腳步合作研究冠狀病毒的疫苗及抗體等相關實驗，期待很快有好的結果。

　　雖然這三年籠罩在新冠疫情之中，但我們的研發量能絲毫不減，從我們這三年來參加臺灣醫療生技展的成果就可得知。我們醫療團隊十多年來運用 G-CSF 內生性幹細胞療法，結合中西醫復健療法，幫助無數個腦傷病人能醒能走，病人和家屬的生活品質獲得改善。我們借助跨領域優秀團隊的力量，結合生物科技、醫療科技、AI 人工智慧、資通訊科技等技術，發展包含細胞治療、智慧醫療、遠距醫療、國際醫療及創新研發。甚至因為疫情而激發了許多研發創意，甚至很快派上用場，包括淨斯本草飲外敷內用系列產品、防護隔離罩、插管防護罩，經由研發、技轉、改良、量產，在疫情嚴峻期間免費提供第一線防疫人員，守護大眾的生命與健康，也應用在確診病人的照護。

　　新藥的創新研發，是一條孤獨而長遠的路，但我們每一步的前進都是源自於「視病如己」的愛與動力。陳立光教授是我國防醫學院的學長，他二十多年來臨床、教學、研究三方面並進的積極投入，令人敬佩，噬菌體及病毒單株抗體的研究成果盡快成為生物藥，也令人期待。而今陳立光教授將肉眼無法看見的病毒、細菌世界化成簡單的文字描述，讓讀者了解，不需要莫名的害怕，駕御病毒，就能與病毒共處，甚至成為重症病人的解藥。

　　同樣走在醫學研究的路上，我完全能體會陳立光教授的辛苦與付出，祝福陳立光教授的研究成果早日上市，祝福有幸閱讀此書的你，平安健康，福慧雙修。

走在精準醫療的前端：
自我實現無所求

陳立光

（花蓮慈濟醫學中心臨床病理部主任、病毒實驗室主任、
急診主治醫師、慈濟大學醫學院教授）

1997 年我在國防醫學院微免所及預防醫學研究所經歷了 22 年的教研工作後，從軍中退伍來到花蓮慈濟醫學中心。

與其說要開展人生的第二春，其實更重要的是為了無所求的自我實現，完成醫師科學家生涯中臨床專科醫師的訓練。在具備了處理最危急病患能力的急診醫學專科醫師資格之後，又洞悉未來精準醫療的實踐，必須要先有萬無一失的靶向診斷及治療工具，於是又接續取得負責醫院中實驗診斷的臨床病理專科以及基因醫學專科三種醫師執照。

在這段專科醫師養成訓練擔當住院醫師期間，就開始有機會接觸到病患、檢體及致病生物，在想要替人救命拔苦時，心中自然浮出科學家科技應用的潛力，發現可以有許多創新改善的空間。因緣俱足、興之所至就陸續累積了一些可用於精準醫療上的資材。收集在本書中的成品都屬於生物製劑，來源自大自然的產品，如清除超級細菌的病毒——噬菌體（卷 1），殺死癌細胞的病毒——溶瘤病毒（卷 2），以及各種單株抗體可用於確診疾病（卷 4）或靶向治療的抗體藥物（卷 4、卷 5）。至於最近倡議之

理想的新冠疫苗則是已在地表流行超過 60 年的活弱毒感冒冠狀病毒疫苗（卷 3）。

近年來最新開展醫藥科技的就是生物製藥，包括：單株抗體、幹細胞、病毒、細菌等，其中幹細胞、噬菌體及溶瘤病毒給藥時更都是「活性生物藥」。而各國現行的醫藥法規是為了檢核過去化學藥品設計的，因無法可管這些新藥只好緊急設置暫時性的特管法，其時效及優先順序就難免受政商壓力的影響。我們團隊正是走在生物藥的尖端，當各大生技藥廠都還在短視近利模仿的時候，我們已經完成了下一代新藥的研發。這本書中大部分研發的新藥都還沒有通過藥證上市，我們在等這些產品合法化，等法規通過，可以醫治許多傷病。

證嚴上人常提醒我們「救人不能等」。還好我們還有合法的變通管道可以走臨床實驗或恩慈療法，真正緊急時的醫療行為還可以受到赫爾辛基人權宣言第 37 條的保護。聞聲救苦，做就對了！

現在出書前於此為序，期使讀者知其成就的脈絡，終將成為精準醫療之神器。

序幕

駕御病毒 尋求解方

醫師科學家、病毒研究及免疫學教授 陳立光

自青少年時期懷抱著外科醫師的夢想在人生的道路上隨順因緣前進，
國防醫學院畢業後，陳立光前往美國及法國跟隨大師級醫師學者，
從事細胞免疫及移植免疫的研究，
這五年在當時全世界最強的免疫與器官移植研究室經驗，
帶給陳立光無比的專業與自信，駕御肉眼看不見的病毒及細菌微生物，
尋求難治病症的解決方案。

「噬菌體清潔劑」連獲四屆國家新創獎肯定

由社團法人國家生技醫療產業策進會主辦的第 13 屆「國家新創獎」於 2016 年 12 月 22 日頒獎，花蓮慈濟醫院病毒室暨檢驗醫學部主任陳立光及團隊研發出超級細菌的剋星「噬菌體清潔劑」榮獲「臨床新創獎」，其後續於 2020、2021、2022 年四度獲獎肯定。

2016 年 11 月 30 日《經理人月刊》第 9 屆「100MVP 經理人」頒獎典禮，陳立光醫師以培養噬菌體對抗超級細菌避免院內感染的成就，獲得社會公益創新 Super MVP。

噬菌體研究

陳立光醫師與實驗團隊建立了豐富的噬菌體資料庫,以應用在醫院內超級細菌的感染控制,此成果獲得 2016 年經理人 MVP 及 2016 年國家新創獎的臨床新創獎。

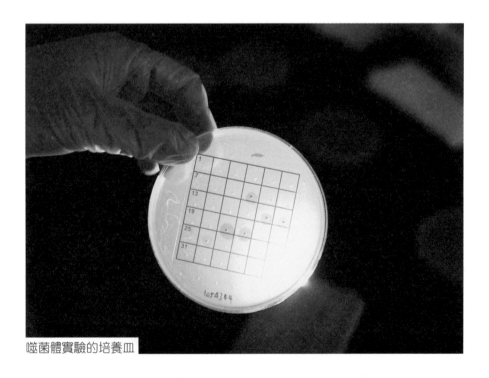

噬菌體實驗的培養皿

超級細菌與噬菌體

超級細菌

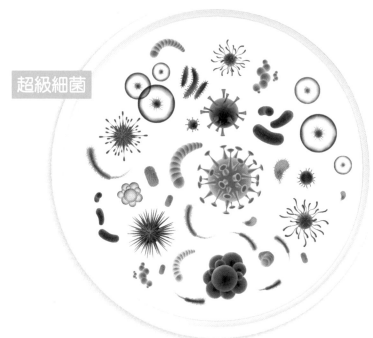

噬菌體

蛋白質外殼

核酸

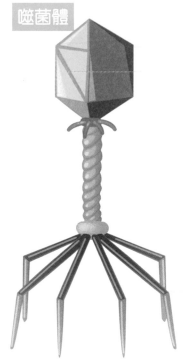

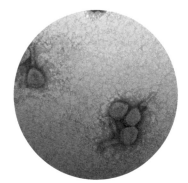

顯微鏡下的噬菌體

尾絲蛋白

發表噬菌體研發及應用

2017 年第一屆慈濟醫學年會，
陳立光教授於會上演講噬菌體研發及應用。

陳立光教授受中國大陸的科學出版社
邀請撰寫《噬菌體學：從理論到實踐》的第 22 章——
噬菌體環境清潔操作指引，
是全世界唯一用噬菌體來做環境清潔的操作指引，
於 2021 年 10 月出版。

噬菌體清潔劑，清除環境中的超級細菌

加護病房護理師
以陳立光團隊研發的超級細菌剋星
——噬菌體清潔劑，進行消毒。

於加護病房進行噬菌體噴霧消毒。

對治癌症的溶瘤療法

溶瘤病毒的抗癌機制

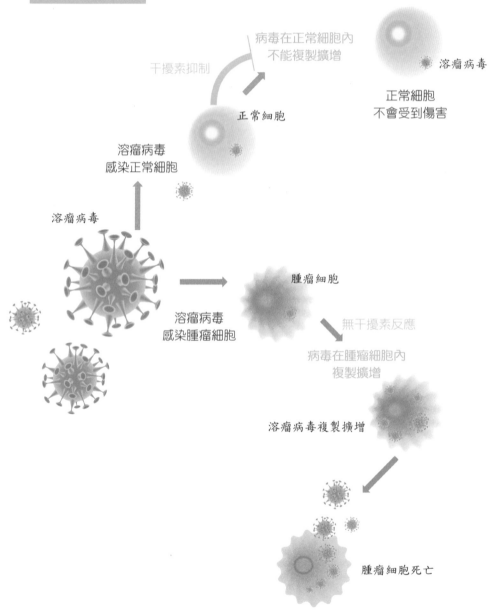

病毒在正常細胞內
不能複製擴增

干擾素抑制

溶瘤病毒

正常細胞
不會受到傷害

正常細胞

溶瘤病毒
感染正常細胞

溶瘤病毒

腫瘤細胞

溶瘤病毒
感染腫瘤細胞

無干擾素反應

病毒在腫瘤細胞內
複製擴增

溶瘤病毒複製擴增

腫瘤細胞死亡

「冷腫瘤」加熱，溶瘤病毒是解答

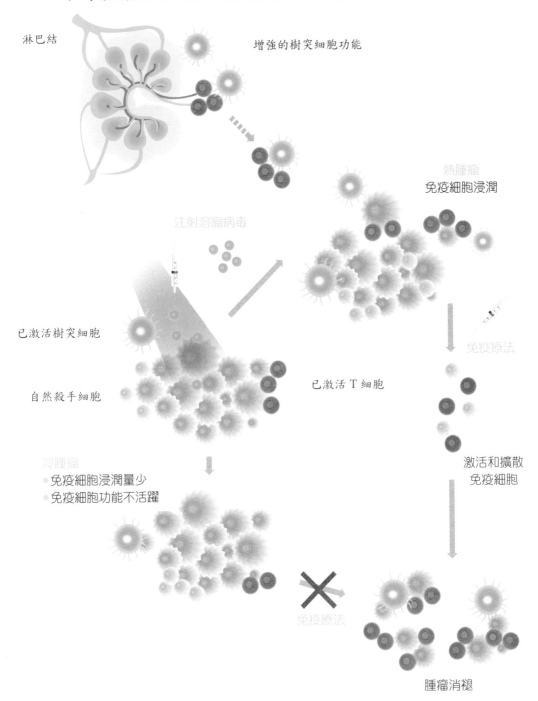

淋巴結

增強的樹突細胞功能

熱腫瘤
免疫細胞浸潤

注射溶瘤病毒

已激活樹突細胞

自然殺手細胞

已激活 T 細胞

免疫療法

冷腫瘤
- 免疫細胞浸潤量少
- 免疫細胞功能不活躍

激活和擴散
免疫細胞

免疫療法

腫瘤消褪

冠狀病毒

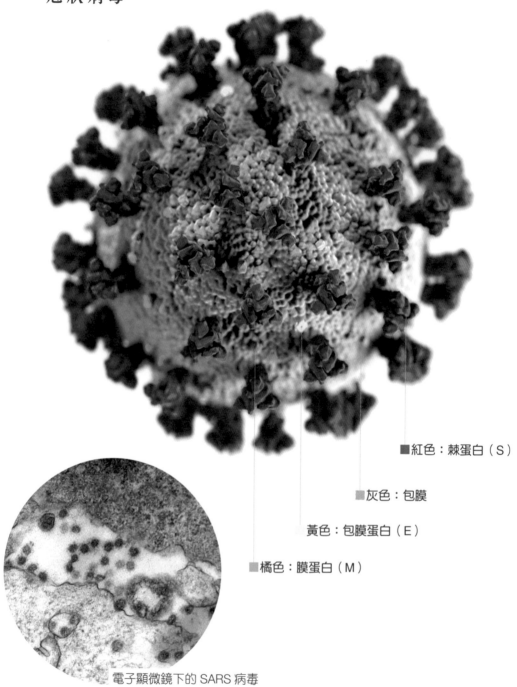

■紅色：棘蛋白（S）

■灰色：包膜

黃色：包膜蛋白（E）

■橘色：膜蛋白（M）

電子顯微鏡下的 SARS 病毒

分離出 SARS 病毒株

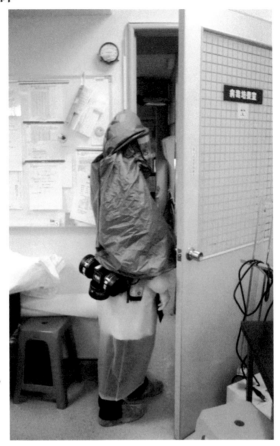

2003 年全臺灣爆發 SARS
（非典型冠狀病毒肺炎）期間，
病毒室同仁著全套隔離衣，
用最謹慎的態度處理檢體，
成功分離培養出病毒。

樂在急診工作的免疫學教授

陳立光教授在 50 歲時
取得急診專科醫師資格，
從教學、研究跨足臨床。
圖為陳立光醫師
在花蓮慈濟醫院急診當班，
為病人診療。

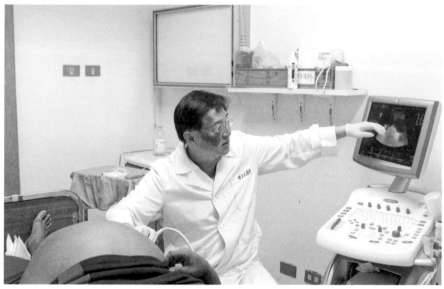

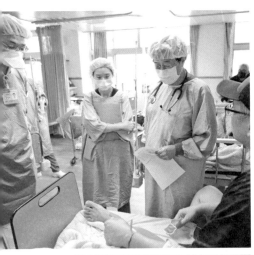

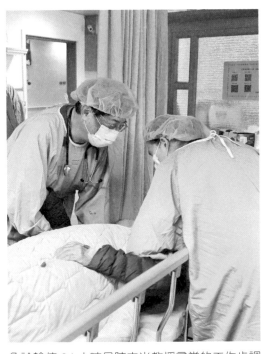

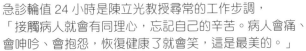

急診輪值 24 小時是陳立光教授尋常的工作步調，
「接觸病人就會有同理心，忘記自己的辛苦。病人會痛、
會呻吟、會抱怨，恢復健康了就會笑，這是最美的。」

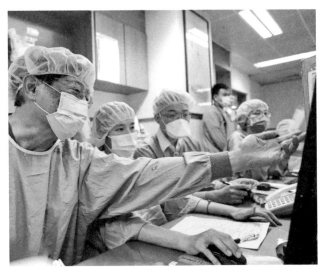

成立病毒實驗室及毒藥物諮詢中心

2000 年花蓮慈濟醫院
成立東臺灣第一所「病毒檢驗合約實驗室」,
左起：陳立光醫師、檢驗科林等義主任、
當時的院長陳英和（現為名譽院長）。

2001 年 7 月 13 日花蓮慈濟醫學中心
成立東部地區「毒藥物諮詢中心」,
除提供民眾毒物諮詢、藥物諮詢、中草藥諮詢外,
也備齊毒物解毒劑,承擔第一時間搶救生命的重責。
左一為當時的陳英和院長,左二為急診胡勝川主任,右一為毒物科主任陳立光。

取蛇毒、研製鎖鏈蛇毒血清

陳立光自學採集蛇毒，教導養蛇的原住民如何操作取毒液。

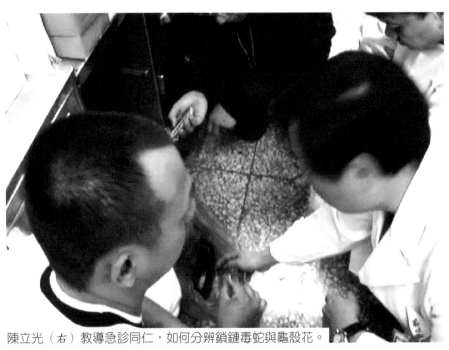

陳立光（右）教導急診同仁，如何分辨鎖鏈毒蛇與龜殼花。

在花蓮慈濟醫院急診室
遇到 42 年來第一個狂犬病例患者

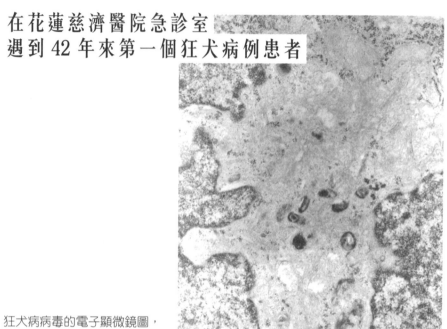

狂犬病病毒的電子顯微鏡圖，
縱切面為子彈形。

穿上隔離防護衣，
陳立光與實驗室團隊
與各種病毒為伍。

急診激出各項潛能，國際溫馨醫病情

為了上山下海採集檢體，
陳立光特地去考潛水及帆船駕駛執照，
將自己游泳的興趣與工作結合。

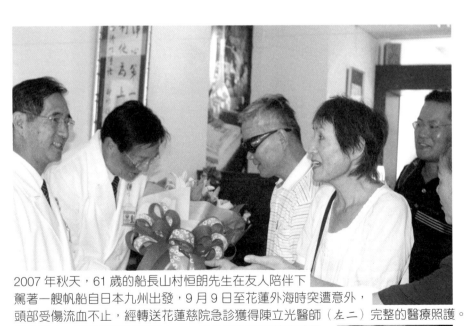

2007 年秋天，61 歲的船長山村恒朗先生在友人陪伴下
駕著一艘帆船自日本九州出發，9 月 9 日至花蓮外海時突遭意外，
頭部受傷流血不止，經轉送花蓮慈院急診獲得陳立光醫師（左二）完整的醫療照護。
意外發生一週後平安返回日本，一年後特地再到慈院感恩。
山村恒朗（Yamamara）獻上鮮花表示他對花蓮慈濟醫院醫療團隊的感恩之意。

醫學教育與慈濟義診

2011 年 6 月花蓮慈濟大學畢業典禮，
醫學院院長陳立光、副校長賴滄海、校長王本榮為畢業生撥穗。

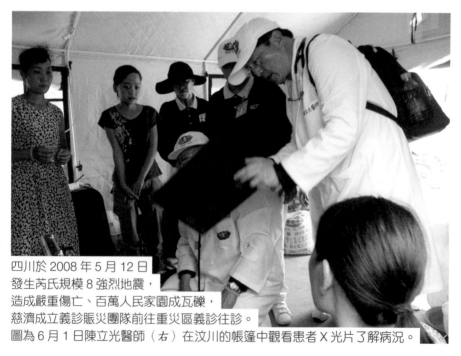

四川於 2008 年 5 月 12 日
發生芮氏規模 8 強烈地震，
造成嚴重傷亡、百萬人民家園成瓦礫，
慈濟成立義診賑災團隊前往重災區義診往診。
圖為 6 月 1 日陳立光醫師（右）在汶川的帳篷中觀看患者 X 光片了解病況。

陳立光的童年及成長

高中時期

穿著上校官階的軍服留影

33

【卷1】
超級細菌　噬菌體

侏儸紀公園這
部 1993 的科幻電
影中,有一句傳頌至
今的台詞:「生命會找
到自己的出路(Life will find
its way out.)。」超級細菌就是
如此!在人類使用一線又一線的
抗生素企圖消滅細菌時,卻因為沒有
設限的濫用,反而培養出越來越強,打
垮最後一線抗生素的無敵軍團 —— 超級
細菌。

而能打敗超級細菌的天敵,竟然早已藏身在自然
界,默默繁衍,只待有心人尋到它們,重見天日。

1 超級細菌，超越抗生素的強敵

侏儸紀公園這部 1993 的科幻電影中，有一句傳頌至今的名句：「生命會找到自己的出路（Life will find its way out.）」。超級細菌就是如此！

在人類使用一線又一線的抗生素企圖消滅細菌時，卻因為沒有設限的濫用，反而培養出越來越強，打垮最後一線抗生素的無敵軍團——超級細菌。

「超級細菌」是怎麼誕生？它們為什麼可以如此頑強？它們如何威脅人類的生命？主因就在於「抗藥性」。

確實，超級細菌的抗藥性，讓人聞風喪膽，但細菌不是今日才有抗藥性，三十億年來，它們一直默默在人類肉眼看不到之處，與黴菌強相抗衡。而人類從黴菌之中發現並提煉出來的抗生素，原本可以治療細菌感染的疾病，卻因為人類不當濫用這仙丹妙藥，反倒培育並造就了超級細菌的誕生。

2017 年 2 月，世界衛生組織（WHO）首次發布「優先病原體」（priority pathogens）名單，向世人提出警告；把超級細菌依照危害人類的嚴重性，區分為「最危急」（CRITICAL）、「高危急」（HIGH）、「中危急」（MEDIUM）三個優先等級，共有 12 種超級細菌上榜。

何謂超級細菌？稱它「超級」，是因為它「超級可怕」，是三種或三種以上抗生素都對它無效的「多重抗藥性」細菌。現今能夠用來治療細菌感染的抗生素，超級細菌幾乎都產生了抗藥性，換言之，當我們講超級細菌對於某一種抗生素有抗藥性，就是不管級別是第一線、第二線、或第三線，甚至還有到第四線抗生素也殺不死超級細菌！也就是說，已經沒有新的抗生素可以醫治！

抗生素到底有幾線？

1928 年，英國倫敦大學聖瑪莉醫學院細菌學教授亞歷山大‧弗萊明爵士（Sir Alexander Fleming, 1881.8.6 － 1955.3.11），在實驗室中發現青黴菌具有殺菌作用。1938 年牛津大學的研究團隊提煉出了青黴素（Penicillin，音譯「盤尼西林」）。

而美國研究團隊所設計出玉米漿培養液，讓二次大戰初期可大量生產青黴素，拯救了許多傷兵。而青黴素，正是人類最早發現的抗生素。

每一種抗生素都有不同的作用機制。大致來說，都是能夠進到細菌裡面的微小分子。抗生素，或讓細菌的細胞壁無法合成，或無法合成細胞膜，或抑制蛋白的合成；有些抗生素直接結合在細菌的基因上面，抑制細菌 DNA（Deoxyribonucleic Acid，去氧核糖核酸）的複製，或抑制細菌 RNA（Ribonucleic acid，核糖核酸）的複製。

青黴素，也就是「盤尼西林」，這個由青黴菌中提煉出來的抗生素，其分子中含有青黴烷，能破壞細菌的細胞壁，並在細菌細胞的繁殖期起殺菌作用。屬於「盤尼西林」系列的抗生素，再區分為第一線、第二線、第三線。而「頭孢黴素」（Cephalosporins）則是分子中含有頭孢烯的半合成抗生素，亦屬於青黴素系

列的廣譜抗生素，也有第一線、第二線、第三線之分。總之，愈後期推出的抗生素，分在愈後線。

其實，所謂第幾線的抗生素，都是同一類抗生素經過一些分子結構的修改，讓每一線各有不同殺菌效果，有的讓細菌能比較好吸收，有的是讓抗生素能夠長效，有的是讓抗藥性沒有那麼顯著。那該如何分第幾線呢？舉例而言，破壞細胞壁合成，最早被發明的抗生素叫做第一線，後來發掘細菌對它有了抗藥性，就用第二線，第二線若又有了抗藥性，就用第三線，依此類推。

「關鍵少數」的超級細菌

抗生素可以殺死大多數的普通細菌
少數一、兩個突變的細菌得到抗藥性

抗藥性細菌

抗生素使用過多，多數正常細菌死亡
抗藥性細菌愈來愈多

一直用抗生素的代價是到 2050 年，
臺灣每 5 人有 1 人因抗藥性細菌感染死亡

此時如果個體的免疫力差
身上又有傷口讓細菌進入體內
就可能產生抗藥性細菌感染

❖ 篩出來的關鍵少數

超級細菌的一生，究竟是怎麼過的呢？其實超級細菌本來都只是普通細菌，抗生素可以殺死它們，但是這一群細菌裡頭，總有一、兩個細菌是突變的比較厲害，這些「關鍵少數」得到了抗

藥性，其他對於抗生素敏感的細菌，就被篩掉了、淘汰掉了。所以，細菌不斷繁殖、突變，人類不斷使用抗生素，也就是一直在進行篩選的動作，篩著、篩著，就把超級細菌給篩出來了。

細菌不是今天才有抗藥性的，三十億年來，它一直在與黴菌抗衡。抗生素要進到細菌的細胞裡面，才可以阻礙細菌的生長，進一步殺死細菌，那細菌因此就產生突變，讓抗生素不能作用，所以它就分泌一些物質，把外面的抗生素破壞掉，或者它讓抗生素要進來時，阻擋抗生素前進，或者即使進來了，細菌就用外排幫浦把它打出去，甚至在抗生素進入之後，細菌還是可以把它破壞掉。有些抗生素會結合在細菌的基因上，所以細菌的解決辦法是，自己做一個突變，讓基因改變，讓抗生素無法結合上來，這些都是產生抗藥性的方法。

而細菌要維持這麼多抗藥性的「生計」，是要付出代價，就像是一個國家要買國防武器，要付出很多的金錢，所以細菌要維持這些抗藥性也是一樣，就會生長得比較慢，有些細菌因為突變回去了，不必付這些代價，就會生長得快，久而久之，長得慢的細菌被稀釋掉了，生長得快的細菌便取代了生長得慢的細菌。細菌本身是沒有腦筋的，它沒什麼選擇性，單靠著自然的不斷突變。當有抗生素來臨時，這些沒有抗藥性、沒有突變的細菌，就通通被篩掉了，只剩下有抗藥性的細菌倖存。而對於這些有抗藥性的細菌，因環境中不存在篩選的壓力了，透過繁殖作用，細菌有些突變的部分又轉變回未突變之前的狀態，這時，這群細菌誰長得快？不用付出代價的細菌當然勝出，要付代價的細菌就長得慢，細菌有它的經濟上的考量，如果環境裡頭沒什麼抗生素時，沒有抗藥性的細菌就會取代這些有抗藥性的細菌。

當你去醫院看門診，醫生開立抗生素讓病人服用後，給了細菌接觸抗生素的機會，於是就可能產生抗藥性；病人住院治療時，更可能因為病情嚴重，服用了不只一種抗生素。在醫院裡面流轉傳播的，那些能夠抵抗非常多種抗生素、被持續篩選出來的細菌，就是我們所講的「超級細菌」。

✤ 超級細菌在哪裡？

細菌來自於被感染的病患身體、排泄物或接觸過的東西上。但在加護病房裡面，超級細菌常傳來傳去引起群聚感染，例如從加護病房的第五床跑到第六床，可能是因為就近污染的關係；但它為何可以從第六床跳到第二十五床？距離很遠，就不是近水樓臺的關係！我們繼續追蹤，也許病人是相同一組醫護人員在照顧，是透過人與人的接觸而傳染，當然，透過接觸器物傳染，也是有可能的。但如果有病人咳嗽，距離超過一、兩公尺外，飛沫就飄不過去了。

值得注意的是，細菌繁衍不需要「太龜毛」的條件就可以生長，細菌到了病人身上，對它而言，簡直是太高興、太好的環境了。因此，被超級細菌感染的病人，就成了超級細菌的污染源。當醫護人員接觸病人，觸摸到病人身上的管子，接觸到污物、排泄物等，超級細菌就有可能被散播出去。

但超級細菌主要區域不僅是醫院，還有社區、漁牧養殖場；也就是以大醫院、加護病房、長照機構、診所、藥局、漁牧養殖業為主。其中肆虐最為嚴重的地方，就是醫院，因為醫療上的抗生素用得最多、最先進，也因此最容易培養出強大、多重抗藥性的超級細菌。

常聽到的抗藥性超級細菌

1. 鮑氏不動桿菌（*Acinetobacter baumannii*）

　　早在 1970 年代初期，鮑氏不動桿菌對許多抗生素仍具有感受性，但隨著使用抗生素種類與量的增加，尤其是廣效性的抗生素，引發鮑氏不動桿菌不斷進行基因突變，或利用與其他細菌交換遺傳物質的機會，不斷地增強了抗藥性。到了 1990 年代初、中期，許多鮑氏不動桿菌，對多種後線抗生素，產生抗藥性（Multidrug-Resistance, MDR）。直到 2002 年，讓全部抗生素都失去療效的超級細菌真的出現了，那就是「泛抗藥性鮑氏不動桿菌（Pandrug-Resistant *Acinetobacter Baumannii*，簡稱 PRAB 菌）」。

2. 結核桿菌（*Mycobacterium tuberculosis*）

　　結核桿菌每年在全世界至少奪走兩百萬人的生命，在治療上，Isoniazid（商品名「敵癆剋星片」）與 Rifampicin（商品名「立汎黴素膠囊」）是最主要的藥物，但這兩種藥物卻無法有效地殺死「多重抗藥性結核桿菌」。

3. 金黃色葡萄球菌（*Staphylococcus aureus*）

　　金黃色葡萄球菌也是最常見的細菌，六、七成的人類鼻腔裡都有它的存在，屬於人體正常菌叢之一，但由於抗生素的濫用，促成了耐甲氧西林金黃色葡萄球菌（Methicillin-resistant *Staphylococcus aureus*）這種超級細菌出現，它不僅是一種抗藥性的細菌，也是醫院中很常見的院內感染病原菌之一。根據美國疾病管制中心調查報告，2005 年有九萬人感染，其中有一萬九千人死亡。

4. 多重抗藥性腸道桿菌（*NDM-1, New Delhi metallo-beta-lactamase 1 producing Enterobacteriaceae*）

　　2010 年更令人害怕的新超級細菌——多重抗藥性腸道菌（NDM-1）現身，那時醫界只因為 NDM-1 對碳青黴烯類抗生素（Carbapenem）有抗藥性，就談虎變色，殊不知，比起在臺灣的醫院中早已存在的「泛抗藥性 AB 菌」來說，NDM-1 只是小巫見大巫！

❖ 加護病房內最兇猛的敵人

在醫院中，加護病房的超級細菌最為凶猛。因為感染嚴重的病人要使用抗生素，於是加護病房成為了醫院裡使用抗生素最多的單位，然而，受害最深的也屬加護病房。

我記得，醫院曾收治一位從北部醫學中心加護病房轉來的少女。分析女孩的檢體後，赫然發現竟帶有對十幾種抗生素具有抗藥性的超級細菌。但通常一位十七、八歲的少女，絕對是健健康康，不會感染超級細菌的，所以合理的推測，很有可能是之前收治她的那家醫院裡的超級細菌，感染到她身上。

臺灣醫院常見超級細菌

從 2006 年到 2015 年這十年間，觀察臺灣醫學中心加護病房患者感染超級細菌普遍率變化，發現有六大常見的超級細菌肆虐加護病房，分別是：MRSA（抗甲氧苯青黴素金黃色葡萄球菌）、CRAB（抗碳青黴烯類鮑氏不動桿菌）、CRPA（抗碳青黴烯類綠膿桿菌）、VRE（抗萬古黴素腸球菌）、CRKP（抗碳青黴烯類肺炎克雷伯氏菌）、CR E. coli（抗碳青黴烯類大腸桿菌）。

上述六大超級細菌中，MRSA 至今依舊是臺灣最常見的多重抗藥性細菌，常造成皮膚感染，但免疫低下者，也可能造成肺炎。除了MRSA 之外，過了十年後來檢視，CRAB 菌才是上升最快的，也是革蘭氏陰性菌裡的第一名，抗藥性最多的。而根據衛生福利部疾病管制署公布的監視資料，醫學中心與區域醫院的加護病房內，除了MRSA 之外，其他五隻常見的超級細菌感染普遍率都在上升。

超級細菌很有可能就是在加護病房，經過各式抗生素洗禮，一篩再篩，於無數淘汰賽之後，碩果僅存的英勇勝利者。以採檢急診及加護病房病人的培養皿為例，觀察兩者的變化。

急診病人突然因疾病來求診，在急診採集細菌進行培養後，可發現培養皿上有十二個白點，這白點代表了十二種不同的抗生素貼片，觀察十二個白點的周圍都有一個圈，圈的外圍，白色是遍布的細菌，抗生素因為可以抑制細菌生長，那個圈裡面就長不了細菌，稱為抗生素的「抑菌圈」。因為急診病人身上的細菌，在院外沒有抗生素的環境下，不需要維持抗藥性，所以沒有抗藥性。

但反觀從加護病房採樣的培養皿上，也貼了十二種與急診相同的抗生素，但卻沒有產生任何抑制圈，換言之，加護病房病人身上的細菌，對這十二種抗生素都有了抗藥性，因為已經沒有抗生素可以抑制了，根本就是一個無敵的超級細菌。

抑菌圈：抗生素敏感試驗

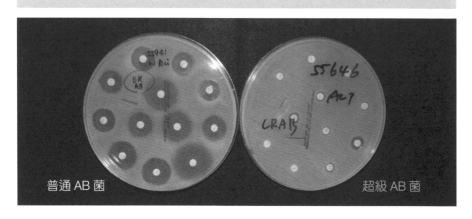

普通 AB 菌　　　　超級 AB 菌

超級細菌的產生過程，起於病患去醫院看病拿藥、開立抗生素治療而逐步產生，所以我們希望在醫師開藥給病人之前，就先測好病人身上的細菌，是何種抗生素對它有效，不要輕易使用，用錯抗生素不但殺不死細菌，反而讓細菌產生抗藥性。可是現今感染細菌的檢驗與診斷，大概要三到四天才有確切的檢驗結果，因此等待結果的這幾天內，醫師開給病人吃的抗生素種類，都只能用過去看診經驗來判別與用藥。

❖ 養殖業衝破抗生素最後一線

細菌既然對抗生素產生了抗藥性，再多發展出一些新的抗生素出來，讓細菌來不及產生抗藥性不就好了嗎？五〇、六〇、七〇年代，每一年都發現了將近十種新的抗生素，可是 1980 年之後，就沒有新的抗生素誕生，為什麼呢？因為大的藥廠藥商可能投資了二十至三十年，才發展出一個新的抗生素系列，可是細菌卻跟新的抗生素才接觸沒幾天，就產生了抗藥性。像這樣大筆資金投入，最後都血本無歸的結局，導致藥廠不再投資研發新的抗生素，也造成目前沒有新藥可以對抗超級細菌的窘境。

抗藥性的產生，不只跟人的醫療行為有關，也和養殖業有密切關係。養殖的禽畜若被細菌感染就長得慢，養殖業者為了預防或治療細菌感染，就會投入大量的抗生素給動物服用，好讓雞、鴨、牛、豬、魚、馬等能夠長得快，趕快宰殺來賣。

因此，除了醫院之外，養殖業也是造成現今超級細菌的一大來源，能否改變養殖業的現況呢？有些國家可以做到讓養殖業只能使用專屬於養殖業的抗生素，醫院則使用人類專用的抗生素。

但是，臺灣目前沒有這樣的規定，政府相關單位可能僅檢驗了養殖業者比較常用的幾種抗生素。**但其實，養殖業走得比政府法令快，他們早就使用更後線的抗生素，而沒有在檢驗的抗生素名單上，才是問題癥結的所在。**

理論上，第四線的抗生素，比起其他線的抗生素貴上許多，養殖業者會用便宜的、過時的抗生素在動物身上。但有一個最後一線的抗生素，學名「粘桿菌素（Polymyxin B）」，商品名「克痢黴素」（Colistin），價格非常便宜。臨床上不常使用克痢黴素，因為它有很大的副作用，雖對多數革蘭氏陰性菌有效，但具腎毒性與神經毒性，對人體的神經及腎臟等都不好。但是，養殖業者不關心這點，業者只要抗生素便宜就好。

中國及印度，擁有最大的克痢黴素製造工廠，生產成本不昂貴的這個很老的老藥，再以很便宜的價格賣給養殖業者，導致養殖業者直接對動物使用了對人類而言是最後一線的抗生素。

但一般在檢驗動物時，防疫把關者絕對不會去驗克痢黴素，因為這是很少有人在使用的抗生素。人類從肉品中不僅吃到了克痢黴素，也吃下或接觸了對克痢黴素有抗藥性的細菌，結果是，造成人類生病且尿路感染。

在 2015 年，克痢黴素在中國大陸養殖業的雞肉裡面被檢出。2016 年，美國及英國，為某些尿路感染的病人所做的細菌培養，居然對於我們平常不輕易使用的「最後一線藥物」克痢黴素有抗藥性，它通常只有用在對付鮑氏不動桿菌（AB 菌），而且是當病人無藥可醫時，醫師才會使用。

　　有的國家規定養殖不要使用抗生素，但萬一動物真的生病了，為了顧及能讓動物儘快長大的需求，可以請獸醫協助，由獸醫開立抗生素處方，就如同「毛小孩」生病時，使用抗生素一般。

　　他們希望給動物用的抗生素，做法也跟人類一樣，需由「獸醫」來開立處方箋給動物用，「人醫」開處方箋給病人用，有些國家是這樣做。但目前臺灣政府沒有這項規定，民眾該如何自保呢？建議民眾多吃素、少吃肉，因為少吃肉就少養殖。

　　反之，為了滿足人們葷食的口腹之欲，養殖的密度當然就會很高，養殖密度變高，動物就容易生病，養殖者就會大量使用抗生素，這也是引發超級細菌誕生的惡因。

❖ 諾貝爾預言成真

　　發現抗生素的弗萊明等人於 1945 年得到諾貝爾生理醫學獎殊榮。而青黴素的發現者弗萊明在諾貝爾獎演講尾聲時，語重心長地提出了一個警告：「若給予的劑量不夠殺死細菌，則有可能引發細菌突變，產生抗藥性」。這個悲觀的預測果然被他不幸言中。

　　雖然過去八、九十年間，科學家發現了至少二十種抗生素，拯救了許多病菌感染的病人，但由於長期大量使用抗生素於醫療及漁牧業，所引發的抗藥性問題如排山倒海、接踵而至，迄今仍無法找到妥善解決的方案。

2 地獄使者噬菌體

> 「想要找魔鬼的剋星，就要到地獄中尋覓」。要克制超級細菌，就得往最黑暗最髒臭的惡水中去找答案。
>
> 而這靈感是打哪兒來的呢？
>
> 你一定不相信，印度的聖河——恆河，是啟發我固執地往臭水溝去淘寶的靈感泉源！

　　恆河，發源於喜馬拉雅山脈，是印度人心中孕育生命的聖河，三千多年來，印度人世代沐浴於斯，堅信靈魂得以淨化、罪惡洗滌、死後可升天解脫。恆河流經了印度的五個省，流域面積覆蓋了國土的百分之二十六，供養了印度全國百分之四十的人口。恆河的含氧量是亞馬遜河的二十五倍之多，以致有機物分解作用很興盛。

　　十億個印度教徒，一生中至少要到恆河兩次：一次是自己走入河中沐浴，洗滌罪孽；另一次是被人抬到河邊火葬，期盼脫離輪迴宿命，步入天國。每年約有三萬兩千具遺體火化後撒入河中，但窮苦人家沒錢火化，甚至把遺體直接放進河裡。每年四月開始到七月雨季來臨之前，恆河更成為印度人消暑勝地，常可見到小孩們在河中嬉戲，加上日常進行的洗澡、飲用等，在散發著魚腥味的河水之下，罹病風險大增。

2007 年，恆河被評為世界五條污染最嚴重的河流之一，危害人體的家庭污水、含重金屬的工業廢水、火化遺體的殘餘骨灰，全在水裡翻攪著。位於恆河中游，有著三千多年歷史的印度教聖地 —— 古城「瓦拉納西」（Varanasi），在那兒所測得的恆河水，「糞生大腸桿菌群（Fecal coliform）」超標破表，遠遠超過印度政府所訂標準值一百倍以上！

> **糞生大腸桿菌群**
> （Fecal coliform）
> 大腸桿菌群會藏在糞便中，可用來檢測糞便污染水源的程度。

弔詭的是，長年在恆河沐浴的許多人竟能活到超過百歲且鮮少罹病，以感染控制的角度檢視，簡直不可思議。究竟，恆河讓人擁有長生不老的秘密為何呢？是否喝一口聖河水，真能讓人獲得天然免疫力？這個謎團耐人尋味，卻也給了病毒研究者一個偉大的啟發，讓印度成為最早以「噬菌體」進行大規模治療與臨床實驗的國家。

以霍亂為例，霍亂病毒在印度肆虐嚴重，但致死率卻不像其他國家估算的這麼多，原因正歸功於恆河。恆河髒水中，含有很多的霍亂弧菌，所謂一物剋一物，相對在恆河的水中就孕育了很多專吃霍亂弧菌的噬菌體。印度人到恆河洗個澡，然後不小心喝到了恆河水，就把霍亂給壓制了。這是 1986 年由英國細菌學家 —— 漢金（Ernest Hanbury Hankin）於印度進行研究時初步發現，經由後人更深入的研究，明確瞭解，原來是恆河水中的噬菌體發揮了抵禦細菌的作用。

> **噬菌體**
> （bacteriophages，
> 縮寫為 phages）
> 是一種會吞噬且消滅細菌的病毒，對人體無害。

世上數量最多的物種

在我們眼睛看不到的微生物世界裡，其實有三大族群，幾十億年來為了生存而互相競爭，一個是細菌，一個是黴菌，再來是病毒。過去八、九十年來醫藥界經常使用的抗生素，就是黴菌的產物，抗生素的出現，救了很多被細菌感染的病人，但也因為過度濫用，讓很多細菌都產生了抗藥性，成為超級細菌，甚至到了快沒有抗生素可用的狀態！所幸，微生物世界裡，細菌還有一個天敵——病毒，病毒是否能解決超級細菌帶給人類的威脅呢？

地球上，數量最大的物種不是昆蟲或細菌，而是「噬菌體」，它在地球上有「十的三十二次方」這麼多，也就是「四個億相乘」後得到的數字。

噬菌體在自然界扮演著調節生物圈中微生物平衡的重要角色，噬菌體其實是吃細菌的一種「病毒」，專職就是消耗細菌。它們廣泛存在世界各角落，從海洋、潮濕的土壤、飲用水及食物中，甚至只要是潮濕的地方，如在生物的腸胃道、口腔裡、皮膚上、排泄物中，有細菌的地方，都有非常多的噬菌體。因此在污染的井水、河水中，常含有腸道菌的噬菌體；在土壤中，也可找到土壤細菌的噬菌體。噬菌體，真是無所不在。

既然在人類及動物的身上，都有那麼多的噬菌體，人畜會因為噬菌體而得病嗎？不論是人類的醫師或是獸醫，從來沒有任何一個病症是由噬菌體造成的。噬菌體，只專門吃細菌，感染細菌，這個病毒並不會在人類或動物身上致病，因為它不會感染我們的細胞！

　　這麼神奇的噬菌體，到底長得什麼樣子呢？常見的噬菌體在電子顯微鏡下放大來看，可見其上面有一個六角形的頭，頭裡面有它的基因，還擁有一個身體，最下面的部位，說是尾巴或腳都可以。噬菌體就是靠這六根腳或尾巴，可以沾在、吸附在細菌上面，然後把頭內那些基因打入細菌裡面，當基因到達了細菌的內部，就會開始複製噬菌體的基因，造成更多的蛋白質衍生，噬菌體的蛋白質與基因組裝完成之後，會把細菌弄破，將新誕生的大量噬菌體釋放出來。

　　噬菌體整個的循環史，從感染吸附到新的噬菌體釋放出來，快則三十分鐘；噬菌體必須要感染細菌之後，才能夠繁殖，屬於一個自動調節的機制，若它能夠吃的細菌愈多，則它更有機會繁殖得更多，一個噬菌體進入到一個細菌裡繁殖，可製造出約一、兩百個噬菌體，在吃掉細菌的同時，它也繁殖了自己。換言之，當噬菌體遇到超級細菌，就能產出更多的噬菌體，然後吃掉更多的超級細菌。

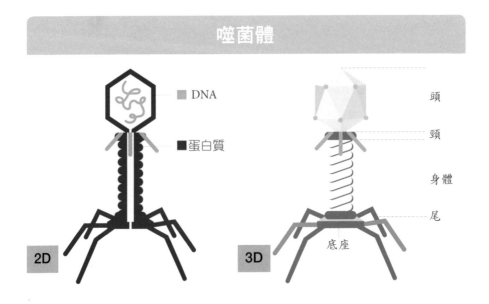

噬菌體

DNA

蛋白質

頭

頸

身體

尾

底座

2D

3D

噬菌體的運用

早在 1915 年與 1917 年，噬菌體分別由法國細菌學家「弗德里克‧特沃特」（Frederick Twort）及加拿大微生物學家「菲利克斯‧德雷爾」（Felix d' Herelle）發現，比佛萊明在 1928 年發現抗生素還早了十三年。當時噬菌體開始被用來治療人類的腺鼠疫、霍亂等細菌疾病，但並不成功。

1940 年代，西方世界日漸工業化，抗生素可以工業製造。相對的，噬菌體不但無法以工業製造，一些對噬菌體的錯誤認知，例如宣稱細菌被噬菌體溶裂後，所釋出的內毒素會導致病人更加惡化等，讓噬菌體的臨床研究被美國等西方國家擱置。但是，前蘇聯等東歐國家，卻因為缺乏工業化的助力，持續不斷發展噬菌體在疾病治療上之可行性與應用性。二次世界大戰期間，東歐鐵幕內持續使用噬菌體；歐美國家則以雄厚的工業實力，高度仰賴著抗生素。

不過，1990 年代抗藥性細菌的出現，無藥可醫的狀況下，使得噬菌體治療重新獲得青睞。例如，多重抗藥性革蘭氏陰性桿菌，在臨床上，已有報告列為，是一種可造成患者高致病率與高致死率的細菌，因此，治療多重抗藥性菌株的感染，成為臨床上一個棘手的問題，而抗生素已無法達到理想的治療效果，發展新藥來防治多重抗藥性菌株的感染及傳播，成為當務之急。

「噬菌體治療」（phage therapy）就這樣又被西方研究者重啟研究大門。而啟發我們團隊進行研究的主角，則是造成臺灣各醫療院所院內感染最嚴重的超級細菌——「鮑氏不動桿菌」（*Acinetobacter baumannii*，簡稱 AB 菌）。

❖ 污水藏寶貝

雖然噬菌體無處不在，存在地球上的所有沒有煮過的水裡，但噬菌體數量最多的地方是在最髒的水域，如充滿蟑螂的地下道水溝、河口邊，因為污水裡細菌最多，根本就是噬菌體繁殖的大溫床！

「要找到魔鬼的剋星，就要到地獄去找」，雖然這是我的信念，但一般人光是聞到臭水溝的氣味就不免作嘔，我們卻必須深入最骯髒污穢的廢水裡面打撈。像是花蓮養鴨場的水，養殖業的水裡面其實有很多超級細菌，自然而然就會有很多吃它的噬菌體。我們費盡千辛萬苦採集了廢水之後，接著在無菌環境中，再用醫院裡面的 CRAB 菌試著去養它，看能不能配對出能殺死超級細菌的噬菌體來，每一個環節都很重要。

❖ 夢幻團隊的組成

2008 年，一位慈濟大學生命科學系二年級學生郭怡婷到我的實驗室進行暑期工作時，她告訴我：「老師，我想來做一個暑假的研究計畫」。我想，一個暑假才兩個月，能夠做什麼？靈機一動，「好啦！那妳就去找花蓮的廢水撈一撈，看看有沒有對抗 CRAB 菌的噬菌體」。

我幫她將暑期的研究題目勇敢地定為尋找 AB 菌噬菌體後，先從花蓮慈院檢驗科取得具多重抗藥性的 AB 菌株，我把細菌組篩檢出的二十八隻超級細菌交給她，再經過林念璁老師實驗室指導培養噬菌體的技術後，經過一個暑假，從花蓮臭水溝的廢水

中，分離到可溶解 AB 菌的噬菌體四株。然後繼續運用一般培養細菌的微生物技術，再去「純化」噬菌體，進行噬菌體對超級細菌的「分型」（Typing），在電子顯微鏡之下，從其形態辨識，證實這些都是「有尾噬菌體」。

接著，以花蓮慈濟醫院院內感染中分離出來三十二株的 AB 菌測試發現，四株 AB 菌的噬菌體對能溶解的 AB 菌宿主各有不同的選擇。但四株噬菌體加起來，可對抗百分之八十六花蓮慈院分離的 AB 菌株，這種結果呈現出用噬菌體對抗多重抗藥性 AB 菌的潛力，於是研究團隊中，又加入了曾義雄、張凱智、賴孟君、胡安仁及曾俊傑，共計七位老師。這就是 2009 年，由慈濟醫院及慈濟大學組合成的研究噬菌體的夢幻團隊。之後幾年，郭怡婷持續不斷找到更多的噬菌體，直到她考上臺大博士班入學。

噬菌體本身的製造技術，不是高科技，也不是高成本，比起幹細胞技術，簡直便宜太多。現今的標靶藥物都是最昂貴的，雖然我們的成本很低，但是以後尋找出來的噬菌體，都是標靶藥物喔！因為它只吃特定的超級細菌，可說是低成本、高效率。

舉例來說，假設噬菌體蒐集庫共有十個噬菌體，若這十個噬菌體可以吃被發現的超級細菌，我們就不再去尋找新噬菌體。但假如蒐集庫裡的這十個噬菌體都吃不了的超級細菌，我們就要再去廢水裡尋找。

每一次有新的超級細菌出現，我們就把蒐集庫裡的噬菌體拿來逐一測試，看看哪幾隻噬菌體可以吃它，哪幾隻不能吃它，或者全部都不能吃它。噬菌體對細菌的分型，例如對於 AB 菌，比

方說編號一、三、五的噬菌體可以吃它，這是一型；或者二、四、六的噬菌體可以吃它，這又是一型；又或者只有一隻可以吃它，或很多隻可以吃它，或者沒有一隻可以吃它……每一個超級細菌現身，就出來一個噬菌體的分型。累積這些大數據，未來還可以追蹤超級細菌的前世今生。

建立噬菌體分型資料庫

噬菌體的「分型」很重要，有幾個用途：

1 作為我們要不要再去找新的噬菌體的基準。

2 每一個超級細菌出現後，都有各自的分型，漸漸就變成像指紋一般的 ID（身分證明，Identification），也是辨認的類型簡碼。而這個簡碼可以追蹤、鑑定這個超級細菌是哪一種類。像以前我們只知道它是 AB 菌，幾百隻、幾千隻都是 AB 菌，但是一旦有了分型之後，我們就可以去細分它的真實身份，辨認它是屬於那一種分型。

3 從超級細菌的分型，我們可以決定要用哪一隻噬菌體去殺它。假如已經知道一、三、五的噬菌體可以殺它，我們就不用去選二、四、六的噬菌體，這就符合「精準醫學」的精神，即「避免不必要的失敗」。

超級細菌的噬菌體分型，並沒有做到像鑑定基因排序般那麼細，因為決定噬菌體能不能夠殺它，不只一個基因，而是有好幾個基因，甚至，到底有多少個基因，我們也不知道。就像白貓與黑貓，牠們的基因如何，我們並不關心，只要能夠抓到老鼠，就是好貓！所以，只要能殺死超級細菌，就是好的噬菌體！

噬菌體很專一

由於菌株具有地域性，而且噬菌體又具有宿主專一性，因此分離屬於本土性多重抗藥性菌株專屬的噬菌體，才能有效的防治，甚至未來有機會開發成為治療用的新藥劑。經過擴大從全臺灣各地的廢水中分離更多的 AB 菌噬菌體，其中七株噬菌體可以溶解臺灣北、中、南、東分離之 MDR-AB 菌 239 株中的 197 株，其電子顯微鏡下的形態及基因特性均顯示分別歸屬兩個有尾噬菌體家族。有趣的發現是，短尾家族（*Podoviridae*）的 AB 菌噬菌體對宿主 AB 菌有極大的專一性，但另一肌尾家族 *Myoviridae* 比較隨和。

我們要如何知道找到吃某種細菌的噬菌體呢？就看細菌溶解後出現的「噬菌斑」或「溶菌斑」。我們是先有這個超級細菌，把它在培養箱裡飼養，給它營養，養多它，然後再去廢水裡面找有沒有會吃它的噬菌體。細菌養在培養皿上，細菌就會長出像地毯一樣平平的一層。接著，加入某個噬菌體，如果噬菌體會吃這個細菌，就會在地毯上吃出一個洞，那個洞，就是「噬菌斑」或「溶菌斑」。這清楚表示某個噬菌體是吃某個超級細菌。

養殖噬菌體要非常小心，不能被污染，因為噬菌體污染，比細菌污染還要嚴重。細菌一旦污染，在培養皿上一養，就會發現了雜菌。噬菌體是病毒，要透過電子顯微鏡或基因比對才知道它是否被污染，所以，要非常嚴格的管理，非常小心的操作，

無菌處理後，不能夠被污染，養夠數目就凍起來保存。不用擔心噬菌體被冷凍，它不會被凍死。

剛開始，從無到有，我們是怎麼找到這些超級細菌的呢？其實不用四處去尋找，醫院裡就很多，檢驗醫學科的細菌組每天都能養出一堆細菌。例如，一做完抗生素試驗，對三種以上抗生素有抗藥性的，就知道它是有抗藥性的超級細菌，這時，檢驗科同仁就會把它交給我。我只找有抗藥性的超級細菌，因為我要用噬菌體對付的是超級細菌。

從 2008 年到現在，我們的病毒實驗室裡，累計儲存的噬菌體有五百多株，未來，噬菌體種類的蒐集與庫藏，會愈來愈多，目前正持續增加當中，與一般庫存才幾十株的實驗室相比，堪稱全球第三。這是我們團隊耗費 14 年的研究成果，也是預先設定的研究策略。我認為噬菌體「唯大恆矣」，蒐集庫的規模越大，越能涵蓋更多的菌種，最終競爭時，誰的蒐集庫最大、涵蓋範圍越完整，誰就能救治更多病人，提供更多幫助。

抑菌圈與噬菌斑的不同

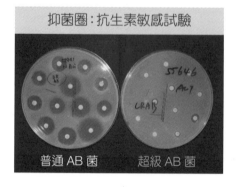

抑菌圈：抗生素敏感試驗
普通 AB 菌　　超級 AB 菌

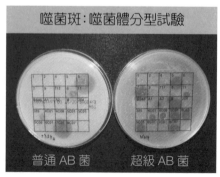

噬菌斑：噬菌體分型試驗
普通 AB 菌　　超級 AB 菌

3 噬菌體療法與應用

可是在治療時，到底要選哪一隻噬菌體呢？噬菌體不是藥，它跟抗生素不一樣，噬菌體要吸附在細菌上面，然後透過繁殖把細菌破壞吃掉，可是噬菌體其實蠻龜毛的，它不是所有細菌都吃，它非常挑剔，非常挑食，只吃愛吃的，不愛吃的一口都不吃，所以收集的噬菌體愈多，「分型」愈好。

期待有一天噬菌體能華麗轉身，成為真正的「另類藥品」，成為像抗生素一樣的藥物，用來治療病人，達成有病治病、沒病強身，又或者成為生活用品，做成沐浴乳、洗手乳等，作為清潔用途。

這樣的願景，正在逐夢踏實中。加護病房的病人在病情穩定可以拔管之後，接著就會轉至呼吸照護中心，因此在加護中心與呼吸照護中心內，超級細菌最多！但只需要給我們病毒實驗室幾個小時的時間，我們就可以培養出一整間加護病房清潔劑所需要的噬菌體數量，加護病房進行噴霧消毒時，噬菌體就放在噴霧液體裡，靠著噴霧器，不到三分鐘，整個房間就煙霧瀰漫，煙霧帶著噬菌體，把病房內無孔不入的超級細菌全部殲滅。

利用這套方法，過去兩年裡，不但成功讓加護病房病人受到細菌感染的比率減少，連加護病房內抗生素的用量也減少了。

✤ 噬菌體清潔劑

病房內使用「噬菌體清潔劑」之後，花蓮慈院院內感染人數，在十個月之內，從原本的一百九十一人，迅速下降到七十三人。我們研發的是對抗「鮑氏不動桿菌」的清潔劑，能以此來消滅百分之九十八的細菌。

由於某種抗生素的使用，是專門對抗這種超級細菌的唯一抗生素，所以檢視此種抗生素用量的降低，就是評估方式。用了噬菌體清潔環境之後，整個醫院不再有院內感染，抗生素使用量也隨之下降。現在臺灣東部地區，AB 菌的超級細菌，也從過去幾年蟬聯感染冠軍，到現在幾乎測不到了。

我們為何要用噬菌體？因噬菌體是病毒，不是黴菌的產物，病毒這種微生物是細菌在大自然的天敵，細菌可以對抗抗生素產生抗藥性，但無法對抗噬菌體。再者，噬菌體都是存在於我們的天然環境之中，從生活環境中的廢水裡面就可以取用，而不是在實驗室從試管裡面製成的合成怪物，更不是基因改造。噬菌體普遍存在人們身上及環境裡，是一種「綠色環保」的清潔劑！

值得一提的是，民眾比較擔心抗生素的濫用，抗生素是不長眼睛的如果細菌沒有抗藥性的話，抗生素會把所有的細菌殺掉，但是人體裡除了有致病的害菌外，還有很多益生菌存在，幫助消化，益生菌長在體內，會致病的害菌就不會來，但抗生素將各種好菌、壞菌一律通殺，造成人體缺乏了那些益生菌，反而會生病的。

噬菌體則不同，它只吃想吃的細菌，噬菌體的殺菌方法，如同現在最熱門的標靶治療藥物，精確鎖定目標，進行打擊摧毀。

截至目前為止，噬菌體是可以立竿見影的有效方法，而一個沒有超級細菌的醫療環境，正是病人安全的最基本要求！

噬菌體有成千上萬種，凡是有細菌的場所，就可能有相對應的噬菌體存在，而且每一種噬菌體可能只能感染一類或幾類細菌，所以具有「嚴格的宿主特異性」。根據噬菌體與宿主菌類的關係，可分為毒性噬菌體（virulent phage）和溫和噬菌體（temperate phage）兩類，前者在噬菌體 DNA 進入細菌後，會控制整個細胞，並不斷複製噬菌體 DNA，最後將細菌溶裂，放出大量的噬菌體後代；而後者在噬菌體 DNA 進入細菌後，則插入細菌 DNA 中，變成原噬菌體（prophage），隨著細胞的分裂，噬菌體的基因體也跟著複製，但此原噬菌體也有可能因環境的變化，而轉變造成細菌的溶裂死亡。

用免疫學解構病毒

雖然過去三十年我都在病毒裡打轉，但我在念研究所時，學的是免疫學，所以我與一般病毒學家不太一樣，我是用「免疫學」為基底，研究制伏感染症的方法！

對付超級細菌，要用跨界的知識，我是國防醫學院預防醫學的背景，擔任第一線的急診醫師、考取免疫學博士從事研究、進行臨床教學，三者並進。我相信預防勝於治療，行動就要從第一線臨床著手，原因是在細菌還沒成為超級細菌大擴散之前，病原多半是從急診室第一線而來。要用微生物及免疫學的知識和方法，來解決感染症的問題，快不了、急不得！

　　噬菌體，不是我發明的，很多想法也不見得是我創新的，我認為現在做的一件比別人更先進一點的事，就是清潔劑這部分，絕大部分想從事噬菌體研究的人，都想把它做成藥物，希望病人被超級細菌感染了，用一個藥物就把病人治療好，不論是以口服或噴劑的方式，都可以。在東歐國家，噬菌體被用來吃、喝、打針、塗在傷口等，什麼方式都有。當人們吃多了病毒，就是高蛋白營養，變成病毒蛋白。

　　我們噬菌體研究能夠領先其他人的地方，是我們一開始並沒有專精在藥物研發上，因為「緊箍咒」在那裡，藥品管理上，有一大堆人體試驗規定，要給人吃的藥品，不但管理法規眾多，還受到《食品藥物管理法》規範，全世界可能都還被法令的「緊箍咒」羈絆，要衝撞法令突破法規限制需要時間。所以我們做了一個另類但方向正確的選擇，把研發藥物治療疾病作為長期目標，短期內則是著手製作「噬菌體清潔劑」。

　　噬菌體走清潔劑路線，比真正去做成標靶藥物還要好！因為，我們橫跨預防醫學的領域，真正落實預防醫學，我們把環境清潔後，讓病人來醫院不得病，多好！何必要等到院內感染才來治？況且，這又不太受到「緊箍咒」的限制。

　　事實上，我們在申請美國專利的時候，申請藥物的專利有幾百、幾千個，但申請清潔劑的，通過的只有三個，其中一個就是我們，假如當時他們全部跟我們競爭呢？申請的類別不同，結果大不同。

我研發的「噬菌體清潔劑」，2016 年底獲得臺灣第十三屆國家新創獎及《經理人月刊》第九屆「100 MVP 經理人」Super MVP 的肯定，也是走清潔劑這個巧門，可以不被「緊箍咒」限制住。超級細菌可能使病人遭受「院內感染」，重則導致死亡。而我們現在就可以用清潔劑開始救人！我們現在就可以在加護病房預防病人得到院內感染！同時也要思考那些已經被感染的，要怎麼去救？

東奔西撞闖出康莊大道

我的個性比較像「扶弱濟貧」，八仙塵爆中，我擔心燒傷病人院內受到超級細菌感染，表達願意無償進行清潔燒傷加護病房，但是沒有醫院願意讓我去幫忙，我當然覺得很挫折！我沒有去檢討是否因為壁壘分明或擔心醫療糾紛等，理論上來說，所有的院內感染都是醫院的責任，因為病人是燒傷呀，後來病人都是到了加護病房裡面，才感染超級細菌的，若從病人安全的角度來看，這都是醫院的錯誤呀，只是民眾現在對於院內感染的意識不高，並沒有都來告醫院。但是，我覺得有一天會的。所以，我不太去埋怨他們為什麼不來找我，我反而檢討的，是不是我們推展得不夠快。不僅是一般民眾的教育，甚至連專業的這群人，教育都顯得不足。

當然，我也要檢討是不是做得不夠好、無法讓人家信任，所以讓他們不接受。我要化煎熬為力量，不懷憂喪志。因為我對噬菌體有信心、有樂趣，是我堅持的力量。當時我選這個工作，是這工作讓我覺得有趣，我覺得我有創新改善的能力，能夠享受到這個樂趣。

在噬菌體的運用上，從預防醫學角度而言，要朝著世界第一的噬菌體資料蒐集庫邁進。這當中，最難控制的變因是「人」，不諱言，有時候我們要去推廣噬菌體，碰到的最大阻力就是國內感染科的權威人士，雖然以他們的權威立場來看，也是對的，但是，專業的權威已經僵化了，比較不能接受新的東西，不免流於「專業的傲慢」！

我們在推廣噬菌體時，到經濟部去要資源、要計畫經費，審查我們的，都是全國感染科的權威，審查醫師對噬菌體都沒有概念，他們雖然是感染科醫師，也不去設法解決細菌的問題，他們甚至於不念書，噬菌體他們也搞不清楚，他們當時反對的理由，認為：「這是活的病毒耶！在我們加護病房裡頭，對病人很危險，真是太可怕了！」因為他們是評審，我們是申請的人，為了不得罪人，後來就用他自己的話來對抗他。

後來我應對他們，只好請教各位專家權威們：「從你們的專業、讀過的書裡面，有沒有任何一個疾病，不管是動物的疾病，還是人類的疾病，是由噬菌體所造成的」？他們去想想，還真的是沒有啊！所以，要用他自己的權威去打他自己，只好接受噬菌體是安全的。每個人身上都有噬菌體，它在控制我們身上的細菌。所以，最難控制的就是「人」，要讓他們自己的權威去「克服」他們自己。

我不會去埋怨，或想要改變他們，那是蠻困難的，我只想讓我們自己做得更好，推展出去，讓他們知道有更好的方法。或許，下次又有塵爆或燒傷的新聞時，他們可以來使用噬菌體。但他們要來使用噬菌體，目前恐怕還是受限於人治的、法規的綑綁。與其寄望未來，不如現在盡全力，活在當下！

2017 年 2 月世界衛生組織（WHO）首次發布的「優先病原體」（priority pathogens）名單，其中三種屬於「最危急」級別的超級細菌，在臺灣的我們已經擁有可以對抗它們的噬菌體了。這三種超級中的超級細菌分別是：CRAB（抗碳青黴烯類鮑氏不動桿菌）、CRPA（抗碳青黴烯類綠膿桿菌）、CRKP（抗碳青黴烯類肺炎克雷伯氏菌）。

但扼腕的是，全世界都沒有核發過屬於「噬菌體的藥物許可證」，要把噬菌體製成藥物這種種過程的艱難該如何克服呢？碰到這種屬於「人治」或「法規」的問題時，我們只能先把該做都做好，萬事俱備，等因緣成熟，自然水到渠成。

「沒有找出原因，是解決不了問題的！」這是我分享要給所有年輕研究者的一句話！因為當有問題時，不去徹底找出真正的原因，只是在亂槍打鳥。當解決問題後的成就感，才是真正的快樂，像是找到能吃超級細菌的噬菌體，就很有成就感！醫師、科學家不要排斥新的東西，應該去學習其中的「眉角」（臺語，即「訣竅」）。然後，要公平的懷疑批判，知道優、缺點各為何，並擇其優點。

救人的無聲養殖業

我的研究工作，面對的都是細菌，它不會像寵物般跟我搖搖尾巴示好，所以，都是我在照顧它。它也許會給我一些實驗的結果，而只有在看到最後的結果，才會享受到前面所付出的樂趣，如果不能享受、不能期待這些樂趣，一般人可能會覺得是很枯燥、無味、單調。若要待在實驗室做實驗，就要能享受這些樂趣，不要講求收入有多少，要想：假如我對工作有樂趣，同時又

有收入，多好啊！有了樂趣又有了薪水，所以我們在選擇職業時，一定要慎選自己有樂趣的，才賺到了。

我認為，研究是一條很寂寞的路，更是一場身心抗戰，我自己是個養病毒的人，我還在學！到目前為止，我們團隊研究的結果，已完成三篇論文在國際科學期刊上發表。五株噬菌體的核酸序列，也已完成在基因銀行註冊及國內外寄存，為了保護我們研究團隊的智慧財產權，目前正向全世界各先進國家申請專利中。

我們也像是「養殖業」般，要養殖噬菌體，希望能發展噬菌體像吃優格一樣，能夠有病治病，沒病強身，那一天會到來的。林俊龍執行長常說，需要一個「工廠」（Plant）來飼養超級細菌，還好它是微生物，但數量愈多愈好。

對付超級細菌，要用跨界的知識，我是國防醫學院預防醫學的背景，擔任第一線的急診醫師、考取免疫學博士從事研究、進行臨床教學，三者並進。

我相信預防勝於治療，行動就要從第一線臨床著手，原因是在細菌還沒成為超級細菌大擴散之前，病原多半是從急診室第一線而來。而要用微生物及免疫學的知識和方法，來瞭解感染症的問題，以噬菌體來對抗超級細菌，這套模式有免疫的深意在裡面，只是一般人不知道。動物是有免疫力去抵抗外來的感染。噬菌體是病毒，能感染超級細菌的病毒，所以細菌也能對抗感染的病毒，即細菌本身的免疫力，若用噬菌體來對抗細菌，那細菌就會對噬菌體有免疫力，如果我們要噬菌體能繼續殺死超級細菌，就要避開它的免疫力，不然就會步上了抗生素的後塵，若到時

候，連細菌也都對我們的噬菌體有免疫力，那以後就沒有噬菌體可以去吃超級細菌了！

我受中國大陸的科學出版社邀請，撰寫《噬菌體學：從理論到實踐》的第 22 章——噬菌體環境清潔操作指引，也就是全世界唯一在用噬菌體來做環境清潔的操作指引，在 2021 年 10 月出版。

治新冠患者二度感染

噬菌體的應用，原本是用噴霧來消毒，去除環境中的超級細菌。最新的進展，是我們已經開始用噬菌體來治療病人了，應用的方式包括：外用擦拭皮膚、或用沖洗的、用鼻子吸進體內。

2015 年 6 月發生了八仙樂園塵爆意外，有三位燒傷病人轉到花蓮慈濟醫院燒傷中心治療，其中一位感染得很嚴重的，就是以噬菌體來沖洗傷口，控制感染；也曾為尿路感染的病人以噬菌體沖洗膀胱；也用吸入噬菌體的方式來治療肺炎。

事實上，在美國已經有一家噬菌體製藥公司——Adaptive Phage Therapeutics（APT），且在 2017 年 9 月通過製藥工廠管理（GMP），可以產銷噬菌體藥物，來阻絕多元抗藥性的超級細菌。可惜目前臺灣還沒有，我們每年都去參加招商說明會，醫療科技展也設攤展示，只是到目前為止還沒有任何藥廠慧眼識英雄。

我們嘗試申請院內的 IRB 人體試驗委員會，被轉到衛生署審核，衛生署要求必須先取得 GMP 製藥取可，也沒有技術轉移的機會。

不過我們不會乾坐著等機會上門，於是我們進行跨海合作。上海復旦大學的醫院已經通過人體臨床實驗，可以運用噬菌體療法治療病人。因為在 2003 年 SARS 疫情過後，上海市政府認為有必要，委託復旦大學 BOT，在 2019 年設立上海市公共衛生及臨床中心，實際上就算是一所傳染病醫院，也收治愛滋病及肝炎患者。不久後遇到新冠（COVID-19）肺炎疫情，湧入大量病人。

很多新冠肺炎的病人，除了被病毒感染以外，都有二度的細菌感染；流行性感冒也是如此，被流感病毒感染之後，很容易就發生細菌感染；其實新冠肺炎的滿多病人是死於二度感染，而不是死於 COVID-19 新冠肺炎病毒。

在上海運用了我們的提供的噬菌體，成功治療了四個二度細菌感染的新冠病人，這是全世界唯一 COVID-19 二度感染後用噬菌體治療好的，也已經發表研究論文，我是這篇論文的通訊作者。其實在上海運用噬菌體治療新冠病人的成功案例，也發生在臺北慈濟醫院。

在臺灣的新冠肺炎疫情，第一波發生在 2020 年 1～5 月之間，位處新店的臺北慈濟醫院收治了很多病人。其中一位老先生發生了二度感染，臺北慈院的檢體標本送到我們病毒室檢驗後，分離出是克雷伯氏肺炎菌（簡稱 KP 菌，*Klebsiella pneumoniae*），於是我們就找到適合的噬菌體幫他治療，治療一度改善但又惡化，原來是出現了另一種細菌──嗜麥芽窄食單胞菌（SM 菌，*Stenotrophomonas maltophilia*）。

我們在花蓮慈濟醫院做噬菌體治療，對治的都是全臺灣最嚴重的菌，例如：AB 菌、KP 菌、綠膿桿菌等這些菌種；嗜麥芽窄

食單胞菌（SM 菌）並不是我們的優先選項，就沒有找對治它的噬菌體。老先生最後仍不幸身亡。我那時就覺得，這個 SM 菌怎麼可以沒有噬菌體，所以我們就開始尋找 SM 菌的噬菌體。

幸運的，在臺灣的第二波疫情發生時，臺北慈濟醫院又有一個類似的病例。當時臺北慈院收治的這位新冠肺炎病人，本來肺炎快治好時，發生了二度感染，肺炎非常嚴重，已經裝上葉克膜，後來是醫療團隊申請「恩慈療法」[註一]，讓我們用噬菌體治療。跟前一年老先生狀況同樣的是，他的二度感染，也是先遇到 KP 菌，後來又遇到 SM 菌，這一次，我們已有準備相對的噬菌體！這位病人成功脫離葉克膜，康復出院了。

現在醫院臨床的超級細菌，嗜麥芽窄食單胞菌（SM 菌）在疾管局的統計名單中反而躍升為主角。因為我們已經有準備對付它的噬菌體，所以現在再發生類似的超級細菌感染，我們一點都不怕。

[註一] 赫爾辛基人權宣言第 37 條

臺灣的「恩慈療法」是依循世界醫師會赫爾辛基人權宣言（*World Medical Association Declaration of Helsinki Ethical Principles for Medical Research Involving Human Subjects, JAMA 2013, 310(20):2191*）第 37 條的精神修訂。第 37 條宣言是「未經證實之臨床醫療介入」，條款中譯：在治療個別病人的過程中，若缺乏證實有效之介入或其他已知治療方法無效時，醫師在尋求專家建議並取得病人或其法定代理人之知情同意後，在判斷有希望挽救生命，恢復健康或減輕痛苦的情形下，得採用未經證實之介入。之後該項介入應被視為研究目標來設計以評估其安全性及有效性。所有這種情形，新資訊須加以記載，並適當地公開。

Unproven Interventions in Clinical Practice

37. In the treatment of an individual patient, where proven interventions do not exist or other known interventions have been ineffective, the physician, after seeking expert advice, with informed consent from the patient or a legally authorized representative, may use an unproven intervention if in the physician's judgement it offers hope of saving life, re-establishing health or alleviating suffering. This intervention should subsequently be made the object of research, designed to evaluate its safety and efficacy. In all cases, new information must be recorded and, where appropriate, made publicly available.

朝預防疾病發展

噬菌體治療人類的疾病，主要是針對急性感染症，例如：KP菌、綠膿桿菌、AB菌等，都是發生在很嚴重肺炎病人身上的超級細菌感染，沒有抗生素可用，所以我們用噬菌體去救命。但現在我們也朝向研究「核梭菌（具核梭桿菌，*Fusobacterium nucleatum*）」，它們不是急性感染症的菌種，反而是可能導致慢性疾病。二十年前就認為核梭菌跟牙周病有關，最近五年的研究論文之中，最強力且最多的證據都指向，腸道裡面會造成大

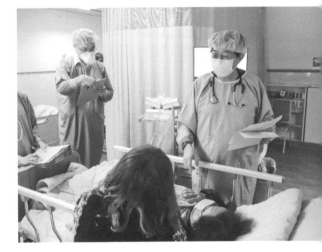

腸癌的就是核梭菌。事實上，我們已經做出噬菌體，將來可以加進牙膏，用來治療牙周病。

腸道裡的微生物菌群造成至少二十種慢性疾病，都是因為腸道細菌造成的，所以很多人買益生菌當營養品來吃，可是研究證明益生菌並沒有停留在人體內發生效用。造成大腸癌最有關聯的腸道菌，也是核梭菌，所以我們也正在進行以噬菌體治療大腸癌，及預防大腸癌的研究。總結來說，將噬菌體研究應用在人類的部分，不管是急性的感染症，或是慢性病的預防控制，都是我們的現在進行式。

噬菌體治療，作為一種新的治療與疾病預防手段，是利用「一物剋一物」的大自然法則，將超級細菌吃掉！各種的超級細菌，無時不刻的在成形中，我們的噬菌體治療，逐一破解！我們的目的，就是要救人，而在救人的這條路上，我們不停歇！

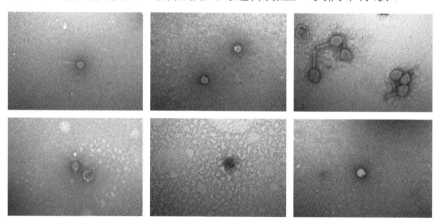

【卷2】
以病毒對治癌症

　　身為急診醫師與微生物免疫學老師，我很不喜歡手上沒有招的那種感覺！看到垂危、沒有藥醫的病人，我只想為他們找到解藥！之所以願意不斷地嘗試，是因為我堅決相信，在眾多病毒的世界裡，一定會找出對抗腫瘤的方法。溶瘤病毒療法，是其中的一個答案。

4 得一場感冒，讓腫瘤消失！——溶瘤病毒療法

我不喜歡手上沒有招的那種感覺！

看到垂危、沒有藥醫的病人，我想為他們找到解藥！所以我一直嘗試，我也相信在眾多病毒的世界裡，會有對抗腫瘤的解決方法。

溶瘤病毒療法，是我給出的答案。

我是一天到晚跟病毒打交道的人，在病毒實驗室裡，培養皿裡生長的細胞，把病毒加下去，細胞就死了！過去一百多年來，很多專家想要用病毒來治療腫瘤的嘗試，都以失敗收場。癌細胞還沒有摧毀病人，被投進去的病毒就先把病人殺死了。

在 2020 年發表的一篇「溶瘤病毒療法」的回顧論文，給了我著手的靈感。我們手上有現成的一些弱毒性的病毒，如果拿來當成溶瘤病毒注入體內，給病人的最大風險就是「感冒」。如果得一次感冒，就能讓身上的癌細胞消失，這個療法值得一試。

❖ 百年前即有病毒溶解腫瘤的成功案例

用微生物治療癌症的歷史可以追溯到 1890 年，美國紐約紀念醫院的外科醫師威廉 · 柯雷（William B. Coley）是第一個觀察

到幾名患者的腫瘤因為病原體（pathogen）感染而有減少的跡象，他認為病原體可作為對抗腫瘤的藥。

1904 年美國一名 42 歲的血癌女性因流感病毒而有改善。1912年在義大利有一位罹患子宮頸癌的女性，後來被狗咬而施打狂犬疫苗，子宮頸癌竟神奇的消失了。雖然過了八年後她的子宮頸癌還是復發。但在那個年代，即使到現在，子宮頸癌仍舊無藥可醫，當時大家覺得是奇蹟！不過，研究狂犬病的科學家已經有疫苗的概念，知道這個奇蹟其實是病毒造成的，病毒讓子宮頸癌痊癒。

接著醫學研究不斷嘗試以病毒來對治腫瘤，例如：1935 年用溶組織梭狀芽胞桿菌（Clostridium histolyticum）治療晚期癌症；1950 ～ 1970 年代研究人員進行許多種原株（wild-type）病毒治療腫瘤的臨床試驗，但都無法有效控制病毒的致病性，一個一個實驗的結果都失敗了。

基因工程技術進化，減毒研究實驗興盛

一直到八零年代，基因工程技術發展成熟，這時已能夠對病毒進行基因改造，便以基因改造過的減毒病毒來進行抗癌實驗，陸續得到一些正向的成果。

溶瘤病毒（Oncolytic Virus）

理論上是一種利用人工改造的病毒，先消除病毒裡致命的基因，或植入別的基因讓病毒無法感染正常細胞。同理可推，直接選擇弱毒性的病毒來做「溶瘤病毒」，一樣可以達成滅除腫瘤細胞的作用。

這二、三十年來各個研究團隊在做的事都是用基因工程把病毒改一改，讓毒力減弱，希望能把癌症治好、又不會把病人殺死。2003 年中國食藥署就通過一款溶瘤病毒產品上市，但未通過國際認可。2015 年 10 月，美國食品藥品監督管理局（FDA）批准 T-VEC（talimogene laherparepvec，Imlygic）——一種治療黑色素癌的溶瘤病毒免疫療法的藥品上市，這就是以單純皰疹病毒（HSV-1）改造的。

到 2021 年全球已有三種溶瘤病毒療法的產品獲准上市，另有六種正在進行第三期臨床研究（人體實驗）。回顧論文總結溶瘤病毒免疫療法與其他腫瘤免疫療法相比的優點：殺傷效率高、靶向精準、副作用或耐藥性少、成本低等。與手術、化放療、標靶治療法相比，溶瘤病毒療法是一種更符合人性的抗癌療法。

❉ 研判溶瘤趨勢，順自然而行

選哪一種癌症來進行研究，其實跟各地區的需要有關，像美國，主要用溶瘤療法去解決黑色素癌和皮膚癌的問題，可能因為白種人喜歡曬太陽導致常有皮膚癌或黑色素癌的案例。日本人最多就是胃癌，所以他們主要發展以溶瘤療法來治療胃癌。

新藥的臨床試驗需經三個階段：第一階段約三、四十人，著重安全性；第二階段驗證有效性，約數百人；第三階段就需要可能上千人。目前國際間已發表論文的實驗結果，通常是階段一很快就通過，對象不需要是患者，正常人就可以做，用基因工程修改過的病毒測試安全性；當然基改過的病毒就很安全。接著進入階段二，看看有沒有效，很多試驗到這裡就停頓下來，因為都沒有效果了。我的判斷是，病毒經過基因修改後，繁殖力及腫瘤細

胞破壞力都減弱，自然就沒有發揮消滅癌細胞的效果。

　　我覺得這些試驗在邏輯上是不合理的，因為你要病毒去幫你打仗、去殺癌細胞，可是你把它的「武器」都沒收了，不發「子彈」給它，沒有武器要怎麼上戰場打仗呢？病毒沒有毒，就是沒有武器，當然安全，但是代價就是沒有效了！所以進行到階段二的臨床試驗效果就不好，只好又去合併其他的化療、放療、標靶治療，這就是溶瘤病毒療法在近兩三年的趨勢──效果不佳，只好去求助其他治療癌症的方法。

溶瘤病毒療法的作用機制（oncolytic virotherapy）

　　溶瘤病毒一旦進入身體感染了細胞之後，會大量複製並從癌細胞的內部炸開，讓這些癌細胞死掉。而死掉的癌細胞會釋放出抗原。當身體的免疫系統接收到這些抗原訊號之後，就會啟動Ｔ細胞來殺死身體裡其他的癌細胞。

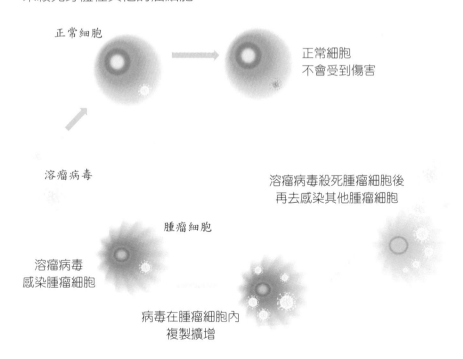

正常細胞

正常細胞
不會受到傷害

溶瘤病毒

溶瘤病毒殺死腫瘤細胞後
再去感染其他腫瘤細胞

腫瘤細胞

溶瘤病毒
感染腫瘤細胞

病毒在腫瘤細胞內
複製擴增

❖ 不必基改病毒，挑弱毒性的病毒吃癌細胞

基改減毒過的病毒，溶瘤效果被限制了，所以現有溶瘤病毒臨床試驗的思考邏輯就很矛盾。

我想，我要做的溶瘤病毒療法，不用任何基因工程去把它的毒力減弱，不要採用基改病毒，我們有病毒室有個病毒資源寶庫，多年來累積了很多的病毒，我何必去拿一個強毒去修改把它變成弱毒？我直接去選「弱毒」的病毒不就好了嘛？這就是我們這裡做溶瘤病毒跟全世界其他實驗室不一樣的地方。

有癌症需要治療的案例，我們從病毒庫裡挑選出殺癌細胞最有效的病毒株，提供最個別化的精準醫療。

❖ 末期大腸癌轉移　多了兩年美好時光

目前來找我們治療的病人幾乎都是第四期，很末期的狀態，所有正規療法都試過，原本的主治醫師都已經束手無策、建議轉安寧療護的個案。

五十多歲的李先生（化名）在臺北榮總治療他的大腸癌，經過手術切除大腸，相安無事幾年後又復發，開始了放療及化療的療程，等輾轉介紹來找我們進行溶瘤療法時，已經有五年的病史，主治醫師宣告只剩下三個月的壽命，腫瘤已經轉移到肝臟、肺臟，而且肝臟的腫瘤是很大一顆，肺則有多顆腫瘤。在開始溶瘤治療前，我們會先切片，取他的肝臟及肺臟的檢體，送病理科化驗，結果確定原始來源一樣是大腸癌。我們就幫他「選配」適合的病毒，來進行溶瘤治療。

將選好的溶瘤病毒製作成液體，在超音波或 CT 導向下，將病毒溶液經針筒，進行「腫瘤內注射」。通常病毒溶夜的濃度不是太重要的問題，因為病毒打進體內後會在腫瘤裡自行繁殖，所以不用很多。我們不需要像一般藥物一樣算劑量，因為病毒會繁殖。國際間的溶瘤療法通常用單一種病毒，這位病人身上，我們用了很多種病毒，有試過單一病毒，也有混搭，全世界大概沒有人這麼做過。

這個注射的動作由影像科醫師執行，因為必須在超音波及電腦斷層掃描（CT）監控的同時，定位腫瘤位置，然後讓病毒溶液直接打進去。

需要多少時間完成注射？注射後要監控多久才安全？因為每跨出一步都是前無古人，所以我們只能藉由臨床案例慢慢累積經驗。目前的經驗是，打完一到兩小時，病人會開始出現忽冷忽熱的現象，這是病毒血症，就像感冒的時候全身會發冷發燒一樣，身體的先天性免疫產生了一些細胞激素，干擾素之類的。剛開始會有點不舒服，吃個普拿疼就沒事了，但是兩三天後會再來一次，因為病毒已經在腫瘤裡面開始繁殖，繁殖後病毒又會被放出來到身體其他地方，所以會再發作一次像感冒症狀的病毒血症，再過個兩三天後就沒有不舒服了。

這位大腸癌的李先生是比較早的案例，當時我們還在蒐集資訊累積經驗的階段，所以會觀察久一點，在溶瘤治療約十天後才讓他出院。後來的案例，三天以後就可以出院返家生活了。溶瘤療法屬於侵入性的治療，也不能常常進行。

李先生前後進行了十次的溶瘤療法，原本預告不到三個月的壽命，延長為兩年兩個月，他原本北榮的主治醫師也非常意外。即使期間全球仍有新冠肺炎疫情，他還是完成了到日本觀光旅遊的心願。可惜我們是在他疾病末期才介入，他還是不幸辭世了。我去參加他的告別式時，家屬非常感謝這多得的兩年有品質的生活。

大腸癌是我們治療過的癌症裡面個案數最多，效果也最好的。

❖ 肺癌侵蝕骨頭　放病毒收復骨盆

琪琪（化名）是我手上最年輕的個案，才三十多歲，罹患肺癌，未婚女性，是從臺北慈濟醫院轉來的非常末期的病人。轉來時，她右邊的肺癌已轉移到左邊而且侵蝕到肩胛骨，還轉移到左邊的臀部，連骨盆都是癌細胞了。

琪琪的媽媽是她的主要照顧者，每天看，沒有感覺她有什麼變化，反而是妹妹來探病之後，說：「骨盆的地方，整個消下去了耶」。溶瘤病毒注射臀部部位，讓腫瘤消失了。

因為收到效果，下一步注射入肩胛骨，卻造成呼吸衰竭，應該是琪琪的癌症是從肺出來吃到肩胛骨，所以注射進去的溶瘤病毒從肩胛骨跟著癌細胞回到了肺，讓肺也受溶瘤病毒感染而出現呼吸衰竭的現象。但這時琪琪拒絕插管、拒絕用呼吸器，溶瘤療法就停了下來。我覺得當時如果她願意用呼吸器，應該能度過那一段最緊急的狀態的。

也因為琪琪的治療經驗，我們後來治療的程序就不會躁進，寧願慢一點，不會去選風險最大的部位來注射。

前面幾位病人也讓我們慢慢累積了一些經驗。比方說，這個病人轉移到肝、肺，我們把溶瘤病毒打在肝的腫瘤內，但後來發現肺的腫瘤也縮小。也有過找不出腫瘤正確位置，但是有腹水，脹到病人覺得肚子很痛，我們就把溶瘤病毒打進腹水裡，腹水消掉了，病人舒服很多，家屬也很感謝我們。

順帶一提，我們用溶瘤病毒治療過多種癌症，但還無法治療血癌，因為能感染血液細胞的病毒，被人體免疫反應清除上是有困難的。

風險最大的腦癌　巧用 AZ 疫苗的溶瘤

用溶瘤病毒來治療腦瘤，我們的壓力非常大，為什麼？因為病毒送到腦裡面去，不是感冒那麼簡單，萬一得腦炎怎麼辦？

洪先生是住在花蓮縣南部的一位老師，年過半百，很年輕就罹患了腦癌裡面最惡性的膠質母細胞神經瘤，一直是神經外科邱琮朗主任的病人。因為歷經了多次手術及放療、化療、電療等全部可行的治療方法，仍然無效，腦部腫瘤持續變大。在林欣榮院長的轉介下，變成了我們團隊的病人，願意接受溶瘤療法。

那時剛好是臺灣進入新冠肺炎疫情的初期，政府鼓勵民眾施打新冠 AZ 疫苗，我們實驗室已試過許多運用腺病毒進行溶瘤療法對治腫瘤的成功案例，所以就取得衛生署的同意，以含有腺病毒的AZ 疫苗直接在腦內注射，希望殺死腫瘤細胞，也就是運用 AZ 疫苗的 Off-label use；剛好他也要打新冠疫苗，所以在手臂上注射新冠疫苗，從體外加強免疫力，希望免疫力攻擊腺病毒的 AZ 疫苗時，也攻擊腦部的腫瘤細胞；內外夾攻，希望奏效。

2021 年 6 月 17 日開始第一次療程，洪先生的身體反應很激烈，整個人出現昏迷現象，入住加護病房觀察，各項生理指數恢復正常後返回一般病房。影像醫學部張寶源醫師在 6 月 28 日傳來好消息，洪先生的 CT 電腦斷層檢查結果，腦部腫瘤的最大直徑從 4.1 公分縮小為 3.6 公分。整個醫療團隊都為之振奮。

Off-label use（藥品仿單標示外使用）

Off-label use（藥品仿單標示外使用），意指醫師使用這個藥品的方式，並未完全遵照藥品仿單的指示說明，但這樣的方式在臨床上並不少見；簡單的說，就是本來是治療 A 病，但被醫師應用來治療 B 病，就稱為 Off-label use。

新冠 AZ 疫苗已取得 EUA 藥證，因此向衛生署報備，即可運用 AZ 疫苗做為溶瘤療法的病毒株進行癌症治療。

洪先生出院返家休養，於 10 月 22 日、11 月 29 日分別進行第二、三次療程。目前恢復良好，成功抑制了腦腫瘤的繼續生長，甚至達到縮小的效果。

這裡特別說明，我們並沒有在新冠疫情期間跟民眾搶疫苗資源，我們利用的是新冠 AZ 疫苗的「殘品」，也就是每管疫苗在抽打完的最後、要丟掉的空瓶子裡面的剩餘劑量，連一個人都不夠施打的量，我們收集起來後，為洪先生施打的。因為 AZ 病毒是活的，用作溶瘤病毒不須很多。

伴隨診斷，選配病毒精準醫療

國際間已發表論文的幾十個案例，都是希望能找到一個放諸四海皆準的病毒，足以治療很多癌症，但我覺得那樣的病毒是不存在的，這也是標靶藥物的優點也是缺點。

腫瘤不是純種的細胞的集團，一個腫瘤裡面是非常大的異質化，因為一個腫瘤裡面可能有幾萬億個腫瘤細胞，那幾萬億個細胞都是突變的結果，而且在生長的時候，可能一個一個都在突變，腫瘤是很異質化細胞的族群，所以太專一的藥物反而沒有用，你可以殺死腫瘤的百分之二十，那另外百分之八十呢？殺了百分之五十的腫瘤，另外百分之五十還會繼續生長。

所以標靶藥物現在已經被大家「看破手腳」，花了很多錢延長壽命，過了五個月、七個月還是一樣無效，但它有個好處，就是副作用低於化療和放療。

我做的溶瘤病毒不一樣的地方就是，我們不是只產製一種病毒去治療很多不同癌症的病人，我們是有很多病毒去選配，精準挑出有效的病毒，這又叫做「伴隨診斷」（Companion diagnosis)；也就是說，我們先要找到哪個病毒有效，不去產製那種吹噓「廣譜」的改造病毒，我們用非常專一的「量身訂製」的治療方式，完全針對這一個病人的腫瘤。因為我們知道病毒放進病人身體裡是有風險的，所以要完全確定是有效的，才讓這個病人去承受有限的風險尋求治癒的機會。這就是我們整個溶瘤病毒治療的想法架構。

❖ 在病毒實驗室先驗證，才注入人體

病人確定了，我們把他的腫瘤取樣切片，一份送病理科去判斷細分是哪一種癌症，一份癌組織給我們病毒室，我們把這個癌組織放進試管裡培養癌細胞，預設有 30 種候選病毒，就把癌細胞分成 30 份，接著把 30 種病毒分別加進去，看哪一份癌細胞死了，那一種病毒就是我們要的。這樣的方式來選配結果，可能有超過一種以上的病毒都具殺此癌細胞的好手，成為第一線、第二線的抗癌利器，前後分別使用，或組配成雞尾酒一次使用。

此外，我們還要非常確定是病毒把癌細胞殺死的，而不是因為癌細胞離開人體的環境而凋亡，所以要做一個動作——將病毒的抗原染色，確定被染色的病毒抗原出現在癌細胞裡面並且繁殖而導致細胞死亡。有這個驗證的動作，才能開始進行正式的溶瘤治療，將病毒打進人體。

❖ 溶瘤病毒的選配原則

從病毒室設立這十多年來，我們不斷累積收集各種病毒，一一存放，以備不時之需。像狂犬病毒這些毒性很強的病毒，我們也有，但絕對不適合用來溶瘤。當決定用毒性溫和的原株病毒來做溶瘤治療時，我們現成就有三十幾種病毒可以用，所以單用或混合幾種來用，完全不成問題。

對抗腫瘤，要如何挑這些比較弱的病毒去打仗呢？還是三十種全部下呢？若是一種我們從來沒有見過的腫瘤細胞，沒有任何資訊的時候，就三十種病毒全試。到現在，我們現在已經有一些經驗數據，例如：胃、大腸、肺的腺癌，就以腺病毒對治最有

效！這是非常合理的，因為腺癌是由黏膜腺體細胞惡化成癌細胞，腺病毒就是可以感染這些腺體細胞的病毒，事實上，我們做出來的結論正是如此，AZ 新冠疫苗就是用弱毒的腺病毒製成的，經過伴隨診斷選配證實，才被使用於臨床治療。

如果個案的腺癌已經有轉移，我們先以腺病毒溶瘤治療原發部位的同時，會同步切片轉移腫瘤培養出腫瘤細胞，然後拿其他的病毒來測試有效性，選配進行下一療程的溶瘤病毒。腺癌的個案，我們已累積了十多例。

排除有抗體的病毒株

溶瘤病毒的選配，還有一個把關重點，因為我們選的是溫和的病毒，很可能這個癌症病人已經感染過，體內有抗體了。所以我們除了做伴隨診斷，確定哪個病毒殺這個腫瘤有效以外，還要測這個病人身上有沒有這個病毒的中和抗體。

如果病人已經有這種病毒的中和抗體，我們就要排除，另外去選沒有中和抗體的病毒來用。相較於國際上已發表的研究，我們是採用了伴隨診斷加上測病人有無中和抗體。這是一種很先進高端的「精準醫療」，而且不是天價的花費。

抽血測溶瘤的效果

要判定溶瘤療法是否奏效，照電腦斷層最準確，直接可以測量腫瘤的大小是否有變化，但電腦斷層要打顯影劑且有輻射線，不能太常做。所以我們會請病人抽血驗「腫瘤指數」。大腸癌是看 CEA（carcinoembryonic antigen）癌胚抗原指數，肝癌是測 AFP（Alpha-Fetoprotein）。

通常有效的話，打溶瘤病毒下去之後第一個星期腫瘤指數會增高，因為病毒把腫瘤殺了，腫瘤細胞被釋放出來到血管裡，依我們現在的經驗，溶瘤治療的兩個星期後再抽血，腫瘤指數降低，就表示有效。

我們有位病人在打完溶瘤病毒之後兩個禮拜，腫瘤指數下降到幾乎正常，不用做任何治療，沒有任何不舒服，也可以出去玩。只要時間到記得抽血、回診，萬一指數反轉回升，再回來做溶瘤療法。

✦ 相信科學才能創造奇蹟

我們當然希望在癌症早期就能夠介入治療，目前接受我們治療的案例，大都是無藥可醫、來日不多、被建議安寧療護的病人，但我們非常感謝有病人與家屬願意給我們機會。到目前為止，我們不斷累積溶瘤療法的經驗，除了大腸癌、腦癌，也治療肺癌、肝癌、胰臟癌、胃癌等。

在我開始做溶瘤病毒治療前，已經從文獻上知道近百年的溶瘤病毒的興衰史，我會起心動念再投入溶瘤病毒治療研究，是因為看到一則「神蹟」。

那是在臉書「花蓮人」上的一篇文章，一個病人發現罹癌時已是第四期肝肺轉移，連電腦斷層影像都貼在上面，慈濟醫院和門諾醫院都說沒辦法治療，他就選擇不治療，天天懺悔、禱告，居然癌症就不治而癒！

網路上本來就有很多假消息，詐騙、傳教、怪力亂神的事太多了，我也沒有太在意，但有一天我在電梯裡遇到這位病人在花

蓮慈院的腸胃科主治醫師，我問他：「這個病人貼出來的這個CT電腦斷層照片是真的嘛？他真的沒有任何治療嘛？」得到的是肯定的回答。

病人只靠懺悔禱告，癌細胞就消失了，我是不太相信的。我雖然是基督徒，但不認為現在還有神蹟，我認為他的腫瘤消失的唯一機會，就是得到一個病毒的感染。我身為一位醫師科學家所能夠想到唯一可以合理的解釋就是——他得到了一個病毒感染，不確定是否神明的安排，但那個病毒剛好可以殺他的腫瘤細胞，加上免疫力，於是就把癌症治好了。

我期盼有一天我們出現這樣的病人，給他一個病毒，不用去懺悔禱告也可以痊癒。就因為這樣，我開始投入了癌症的溶瘤病毒療法。

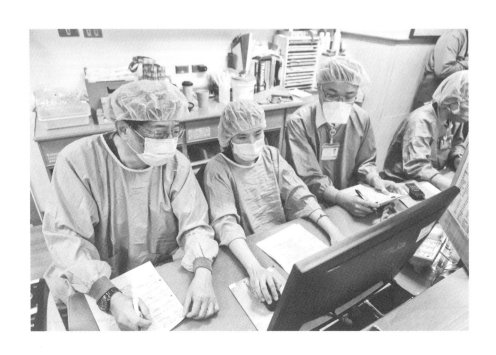

5 「冷腫瘤」加熱，溶瘤病毒是解答

何謂腫瘤？何謂癌症？癌症的定義，就是在身體某部位的細胞突變了之後，開始不受限制的一直生長；正常細胞的基因產生一個突變，本來可以限制生長的機制失效了，變成無限制生長。

我要講的是，免疫治療癌症，這件事情其實是不合理的。我們每個正常人都有免疫力，那為什麼會得癌症？假如免疫能夠殺癌細胞，就沒有人會得癌症了。

❖ 免疫治療，違反先天的免疫原理

從免疫學來看，免疫是不能治療癌症，現在的免疫治療癌症是被「隱惡揚善」，為了推廣有點過分誇大了。因為我們身上的免疫系統是對抗外來入侵物，癌細胞是我們自己的細胞，不是外來的；我們的免疫系統如果會對抗自己的細胞，那是罹患了自體免疫疾病，不是得了癌症。人體的免疫系統本來的設計就是不能對抗「自己人」，所以要用免疫反應去打癌症，這件事情在原理上就是不通的。

專家以一些特例來合理化說明免疫療法的原理，他們認為癌症是細胞突變，就跟正常細胞不一樣，所以腫瘤細胞就會被免疫系統當作是外來的，就可以運用免疫療法。但是，我們正常細胞能夠控制生長，就是靠「腫瘤基因」和「腫瘤抑制基因」，這兩

個基因突變的細胞，會無限制生長，人就會得癌症。但是，突變基因在細胞核裡面的染色體上，進而由突變基因對應產出的突變蛋白也在細胞內部，免疫療法的抗體無法進入到細胞裡面，T細胞那些殺手也殺不到胞內，所以免疫療法治癌症，在根本的原理上有很大的缺陷。除非很罕見的情況下，突變的蛋白質真的發生在癌症細胞的表面，免疫治療才有機會成功。

癌症基因

細胞分裂有一系列嚴密控制的程序，取決於一些基因的正常轉錄（transcription）和翻譯（translation）。至今研究證實人類的基因組約有三萬個基因，在細胞中的正常功能主要分為兩類：

1.「原癌基因」（proto-oncogenes）

它們正常的蛋白質產物能刺激或提高細胞的分裂與生存能力。萬一「突變」或「受損」就會變成「癌基因」（腫瘤基因）。

2. 腫瘤抑制基因（tumor suppressors）

它們正常的蛋白質產物能直接或間接阻止細胞分裂或導致細胞死亡。

冷腫瘤 VS. 熱腫瘤　免疫識別系統

腫瘤裡的微環境分為兩種：熱腫瘤、冷腫瘤，腦癌、肝癌這一類在身體深處器官的癌，大部分是冷腫瘤；熱腫瘤最有名的就是黑色素癌或腺癌，都是跟外界接觸的地方，黑色素癌在皮膚表皮，腺癌則是在管道黏膜，這種才有機會接觸到外界的抗原，變成熱腫瘤，進而啟動免疫系統。

可是這些跟外界接觸取得抗原的熱腫瘤，並非沒事就引起免疫系統來攻擊。如果整天都有免疫反應在這些跟外界接觸的地方，就會有自體免疫疾病，所以身體的免疫系統會讓我們的 T 淋巴細胞跟取得外界抗原的熱腫瘤之間有一個約束機制。

抗原，有能力誘發免疫反應的物質

成分大部分是醣蛋白、蛋白質或多醣。抗原的功能，是使免疫系統的抗原呈現細胞（巨噬細胞、樹突細胞、B 淋巴球）知道體內有外來入侵的病原體，並將這個訊息傳遞下去進行後續的免疫作用，保護身體。

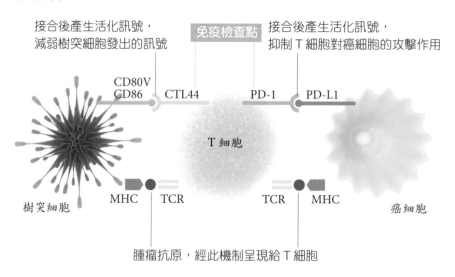

接合後產生活化訊號，減弱樹突細胞發出的訊號

免疫檢查點

接合後產生活化訊號，抑制 T 細胞對癌細胞的攻擊作用

CD80V
CD86　　CTL44　　　　　PD-1　　　PD-L1

T 細胞

樹突細胞　　MHC　TCR　　　　　TCR　MHC　　　癌細胞

腫瘤抗原，經此機制呈現給 T 細胞

簡單的舉例，免疫系統的這個約束機制，就像警察設一個臨檢站，檢查腫瘤細胞有沒有表明身分的「識別證」，有識別證的話，就會放行，免疫系統就不會啟動。所以不管你是什麼外來人種，表明身分是用身分證、健保卡、駕照卡，警察看到你有識別證，就會放行；T 淋巴細胞就像警察一樣，看到有外來的熱腫瘤，會開啟免疫系統裡的「免疫檢查點（immune checkpoint）」

檢查識別證，雖然熱腫瘤裡面已有很多淋巴細胞，但是不會對它展開攻擊，所以熱腫瘤也可以繼續長大。

而冷腫瘤更不用說了，裡面或周圍根本沒有免疫細胞。所以近年來免疫療法已是治療癌症的主要趨勢，但以肝癌為例，有效率很低，主要就是因為大多數肝癌都是「冷腫瘤」，會排斥 T 細胞。而免疫治療的手段，就是研發「免疫檢查點抑制劑」，讓免疫檢查點這個識別的約束機制失靈，把冷腫瘤「加熱」變成熱腫瘤，吸引 T 細胞發揮免疫功能除掉腫瘤細胞。

熱腫瘤 VS. 冷腫瘤

以腫瘤組織是否容易吸引免疫細胞的特性而言，可將腫瘤分為「熱腫瘤（immunogenic hot tumor）」和「冷腫瘤（immunogenic cold tumor）」。「熱腫瘤」周圍易聚集免疫細胞，如：T 細胞、B 細胞、巨噬細胞等；這些免疫細胞是被外來抗原吸引來的，但已被免疫檢查約束了。「冷腫瘤」：腫瘤組織裡沒有免疫細胞，或只有很少的免疫細胞，因為冷腫瘤所在的內部器官缺少外來抗原。

人體自然啟動免疫機制，殺死腫瘤細胞的四道程序

我們回頭來先了解人體天然的免疫機制，依序有四道程序。

第 1 道 **病毒爆破腫瘤細胞**：被病毒直接感染最後裂解，腫瘤細胞就死了。

第 2 道 **細胞免疫**：腫瘤細胞一旦被病毒感染，就會製造病毒的抗原，病毒的抗原就放在識別證上，T 淋巴細胞一看，「這是『改造』過的識別證」。辨認出這是外來感染，必須要消滅。

第 **3** 道 **抗體免疫**：產生了抗體，抗體一旦結合在被感染的腫瘤細胞表面上的抗原時，展開導向的功能，再加上補體有爆破的功能，就把腫瘤細胞爆破消滅。另外還有一個方式是抗體接在吞噬細胞上，吞噬細胞有了抗體作導向，就去殺被病毒感染的腫瘤細胞，把腫瘤吞噬滅掉了。

第 **4** 道 **先天免疫**：人體的先天免疫系統有「自然殺手細胞」，通常專門清除不帶識別證的腫瘤細胞或被病毒感染的細胞。病毒感染的細胞釋出干擾素會吸引及活化自然殺手細胞過來消滅不帶識別證的腫瘤細胞。

　　現行的腫瘤免疫療法用很貴的免疫檢查抑制藥物來提醒身體的免疫系統「那不是自己人，那是外來的壞人」，那個部位已經在發炎了，需要啟動免疫來攻擊。但從這四道程序可以得知，我們如果使用溶瘤病毒，就不需要使用這昂貴的免疫治療藥了，人體自然的免疫系統就會因病毒感染而引起一連串消滅癌細胞的反應。

　　再簡要說一次人體的免疫作用機制，第一一定是病毒去感染腫瘤細胞提供外來病毒抗原，然後病毒在腫瘤細胞裡面繁殖讓腫瘤爆掉，腫瘤一爆掉就有發炎反應，才會引起免疫反應；這時就是 T 細胞開始工作消滅腫瘤細胞，B 細胞負責產生抗體，然後因為發炎反應再啟動自然殺手細胞。

❖ 朝 GMP 藥證努力

　　那溶瘤病毒是扮演何種角色？就是去感染腫瘤細胞，腫瘤細胞被感染後，就是一個外來被感染的細胞，展示出病毒的抗原，這時候免疫細胞便能辨認出來，「這不是自己人，這是被感染的

自己人！」T 淋巴細胞就會進行爆破直接殺死腫瘤。即使果殺不死，溶瘤病毒還是發揮了作用，會展示出癌細胞是一個已被病毒感染的細胞，讓身體啟動免疫。

前文提到的噬菌體及現在的溶瘤病毒都是活的病毒微生物，使用活的生物（病毒、細菌、細胞等）製藥，是近來才受到重視，所以全世界許多臨時的特管辦法還在陸續的研擬出來，希望終能滿足病人的需求。

因此慧眼識英雄的藥廠還沒有出現，我們目前的方法是用已經有藥證、活減毒疫苗來進行溶瘤病毒療法，可運用的有七種疫苗，本來是預防病毒感染症的疫苗，我們改變用途來治療癌症，安全性及用藥上是合法的。所以，溶瘤病毒療法的下一階段目標，是爭取藥廠合作。

當臨床試驗進入第二階段後期時，一定要是取得 GMP 藥證的產品，所以我會希望先找到藥廠讓我們用 GMP 的方式生產出來，第二及第三階段實驗用在病人身上時比較安全，臨床試驗都過了，就有機會取到臨床藥證上市，讓更多癌症病人受惠。

- Clinical landscape of oncolytic virus research in 2020
- https://jitc.bmj.com/content/8/2/e001486
- The Oncolytic Virus in Cancer Diagnosis and Treatment
- https://www.frontiersin.org/articles/10.3389/fonc.2020.01786/full
- Oncolytic viruses for cancer immunotherapy
- https://jhoonline.biomedcentral.com/articles/10.1186/s13045-020-00922-1
- https://www.medsci.cn/article/show_article.do?id=0ccf19855999

【卷3】
冠狀病毒家族

旅行力超強的冠狀病毒，
在本書籌畫與採訪期間，我就
一直跟編輯們強調，SARS病毒
終有一天會在改頭換面之後，捲土
重來！

結果，書還沒完成，新冠病毒果真在2021
年短短數月間，再次席捲全世界，到2022年
仍延燒不止。

而這一切都要從冠狀病毒的特性說起……

6 SARS 冠狀病毒，風暴可能再起？

2002 年底，一種全新的冠狀病毒，從廣東省啟程，輾轉抵達香港後，在短短兩週內旅行到不同的國家，驚人的致命率，撼動世界，它就是大家熟知的 SARS（嚴重急性呼吸症候群，Severe Acute Respiratory Syndrome）。

2003 年 3 月 14 日，臺灣發布首起 SARS 疑似病例，一個多月之後，4 月 24 日、29 日，和平醫院、仁濟醫院相繼封院。站在防疫最前線的醫療工作者，共 11 名殉職，包括醫師、護理師、醫院清潔環保員、消防隊救護隊員、醫檢師、病房書記人員，通報至世界衛生組織的統計顯示，全臺灣總共有 81 人因感染 SARS 而死亡。

根據世界衛生組織統計資料，2002 年 11 月 1 日至 2003 年 7 月 31 日間，SARS 疫情主要集中於中國、香港、臺灣、加拿大及新加坡，至少 30 個國家地區受到波及，在全球八千多個病例中，有 774 位病人死亡。全球 SARS 疫情雖然在一年內獲得控制，但 SARS 並沒有消失，而是隱匿在世界的某個角落。

以我對於病毒的了解，總有一天，SARS 還是有可能會捲土重來。流感疫苗就好比流行時裝，每一年都要重新訂製，因為病毒的特性就是百變，為了防止復古風潮再次席捲，讓 SARS 病毒重新登上世界伸展臺，醫界應對 SARS 持續關注！這是我一直抱持著的態度。

果然，2019 年底就出現了冠狀病毒變異的反撲潮，到 2021 年這一年結束的此刻，全世界仍然深陷於 COVID-19 新型冠狀病毒肺炎的疫情之中。

冠狀病毒（Coronavirus）

冠狀病毒是 RNA 病毒，病毒的結構包括：棘蛋白（Spike protein）、包膜蛋白（E）、膜蛋白（M）和核殼蛋白（N）等四種結構蛋白、複製酶（ORF1a/b）與若干輔助蛋白，其中棘蛋白可與宿主細胞表面的受體結合，使病毒包膜和宿主細胞的膜融合以感染細胞。

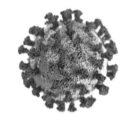

※ 圖片出處：美國疾管局（CDC） https://www.cdc.gov/

最早發現的冠狀病毒是 1920 年代感染雞隻的傳染性支氣管炎病毒，1960 年才出現會感染人類造成感冒症狀的冠狀病毒，並於 1968 年正式發表，因為它表面有像冠狀的突起而被名為「冠狀病毒」。

冠狀病毒依基因組成序列分為甲型、乙型、丙型與丁型等四個屬，其中甲型與乙型可能來源自於蝙蝠，丙型與丁型源自於鳥類，目前已知會感染人類的冠狀病毒共有 7 種，其中 4 種可引發普通感冒，另外 3 種為導致嚴重疾病的嚴重急性呼吸道症候群冠狀病毒（SARS-CoV）、中東呼吸症候群冠狀病毒（MERS-CoV）與嚴重急性呼吸道症候群冠狀病毒 2 型（SARS-CoV-2）。

❀ 追溯源頭——SARS 爆發起點

回頭談 SARS，從 2003 年 5 月《Discovery（發現）》頻道播映了〈現代瘟疫科學看 SARS〉影片，內容追蹤 SARS 疫情的傳播路徑；SARS 最早在 2002 年底現蹤，地點位於有「廣東四小虎」之稱的佛山市順德區，廣東省最富庶的地區之一，世界首例的 SARS 病人就是在此接受治療。

2003 年 2 月 21 日，64 歲的劉劍倫，廣州中山大學第二附屬醫院（孫逸仙紀念醫院）的內科教授，來到香港並入住京華國際酒店九樓 911 號房，來港前他已經發燒了一週左右，並曾診治過與自己症狀相同的病人。

SARS 從發燒開始具有傳染力，之後的十天達到高峰，劉教授來港第二天病情開始惡化，除了發燒，還有乾咳和呼吸困難的症狀，隔日至廣華醫院求診，急救不治，3 月 4 日死亡。

SARS 並未隨劉教授死亡而銷聲匿跡，未知病毒早在京華酒店就找好繼任的宿主。電梯的密閉空間，給予 SARS 擴展勢力的大好機會。電梯從九樓到一樓短短幾分鐘的時間，SARS 病毒已潛藏在來自不同國家的旅客身上，國籍包括加拿大、香港、新加坡、以及一位即將前往河內的美籍陳姓臺商，SARS 病毒往後便藉著新宿主們前往更多國家散播。

❀ 失控擴散　第一記防疫警鐘

病毒的擴散腳步走到 3 月，世界衛生組織派駐越南的卡羅・厄巴尼醫生，也是診斷當時在香港九龍飯店電梯裡被劉教授傳染

的陳姓臺商的主治醫師，用自身的生命敲響了一記防疫警鐘。2003 年 2 月 26 日，當他在河內法國醫院看到陳姓臺商時，意識到這不是普通感冒，極有可能是高度傳染性的疾病，立刻啟用嚴格的隔離程序。

厄巴尼醫師率先向世界衛生組織通報越南當地的疫情，並將該病命名為 SARS，3 月 12 日，世界衛生組織正式向全球發出 SARS 的警訊。

厄巴尼醫生最後仍因染 SARS 犧牲，若非他努力與越南衛生當局溝通，讓政府了解疾病的危險性，並透過世界衛生組織發出警訊，SARS 的腳步可能會走得更遠，更多人為此犧牲！

自 2002 年 11 月底 SARS 爆發至 2003 年 3 月，在世界衛生組織發布全球 SARS 警訊之前，前線的醫療人員對 SARS 來襲毫無防備！

SARS 來臺現蹤　第一張電顯照片

當全球籠罩在 SARS 陰影下，與大陸相隔一海之遙的臺灣，也是 SARS 橫掃的重災區。疫情流行期間，SARS 被列入為第四類法定傳染病，並創下光復以來，醫院封院、街坊封樓、醫療院所外成立發燒篩檢站的首見景況，也造成中央和臺北市衛生首長下臺。

首起 SARS 疑似病例在 3 月 14 日發布，是一名勤姓臺商，當時臺灣只要有 SARS 檢體，一律送到衛生署疾病管制局，相關單位卻遲遲未能成功將病毒培養出來。

　　雖然東部尚未有疫情傳出，但 4 月 10 日我接到了疾管局蘇益仁局長透過陽明大學張仲明教授詢問我的意見後，蘇局長直接打電話跟我商量，是否可以把臺北新光醫院和臺中中山醫學院附設醫院兩位疑似 SARS 病人的痰液檢體轉移到花蓮慈濟醫院來，希望我能協助培養出 SARS 冠狀病毒。接完電話，我開始坐立難安，擔憂 SARS 病毒的高傳染力已使多家醫院爆發院內感染造成封院，姑且不管個人安危，對整個慈濟醫院是有風險的，花蓮慈濟醫院可是證嚴上人以及慈濟志工辛辛苦苦建立起來的，我必須先向上人請示。

　　進了靜思精舍，我向上人報告這個狀況，上人只問了我兩個問題，第一是「這個病毒是不是很危險」？、第二是「別人是不是都在搶著做？是不是大家都能夠做」？

　　我回答：「就是因為很危險，許多實驗室都沒意願也沒經驗，無法培養成功，蘇局長才會拜託慈濟醫院來進行」。

　　上人回應我：「這就像是慈濟人救災一樣，我們到得最早、走得最晚，別人做不來我們去做，別人不想做的我們也要去做」。

　　獲得上人首肯後，4 月 17 日病毒室全副武裝、戒慎虔誠地引進了這兩例疑似感染 SARS 病人的痰液檢體。

　　4 月 17 日這一天檢體送達，研究團隊需從檢體分離出 SARS 病毒後，接種在「正確」的細胞株上，因為 SARS 病毒繁殖的速率比較慢，如果接種在比 SARS 病毒生長速率快的細胞中，細胞長得速度比病毒快，經過數次培養增殖後，病毒反而被繁殖過多

的細胞稀釋，愈來愈少，造成之前許多實驗室增殖失敗。所以必須使用不同生長速率的六種細胞株嘗試培養，最後成功的是使用經由美國疾管局（CDC）的文獻推薦的 Vero E6（綠猴腎臟）細胞株，我們的研究團隊在取得檢體 15 天後，5 月 2 日終於成功培養出臺灣的 SARS 病毒。

實際上，幾乎在我們開始分離培養 SARS 病毒的同時，4 月 16 日世界衛生組織宣布這個可怕疾病的致病原是一種新的冠狀病毒。但在這之前，美國疾管局和香港兩所大學的電子顯微鏡照片卻不一致，兩者的差異，一為間質肺炎病毒（metapneumovirus），另一為冠狀病毒（coronavirus）。

香港中文大學是在 2003 年 3 月 18 日率先揭開 SARS 的神秘面紗，由該校醫學院院長鍾尚志公布電子顯微鏡下的病原體照片，顯示為副黏液病毒（Paramyxovirus）家族中的人類間質肺炎病毒（Human Metapneumovirus）。但在一星期之後的 3 月 25 日，香港大學微生物學系召開記者會宣布研究結果，卻是截然不同病原體──冠狀病毒。究竟元兇是何面目，臺灣的研究人員也急於了解答案，因此必須製作本土電顯照片，盡可能減低誤判發生的機率。

當時我們花東地區的醫院與大學都沒有電子顯微鏡設備，只好把已經去活性（無感染力）的病毒做成玻片，送到中央研究院，請王長君教授協助拍攝電子顯微鏡照片，2003 年 5 月 29 日，臺灣第一張電子顯微鏡照片沖洗出來，有了電顯照片後，新型冠狀病毒的完整樣貌還原現形，確認與世界衛生組織的公布的照片相同，證實臺灣的 SARS 真的是由冠狀病毒造成！

在培養 SARS 病毒期間，花蓮慈院竟然也出現了疑似 SARS 感染的群聚病例，4 月 28 日一起慈濟中學的群聚感染，總共二十幾位中學生住進隔離病房，幸好只是虛驚一場，後續檢驗報告出爐，證實只是諾羅病毒感染。

✣ 發炎風暴　不可逆的傷害

SARS 這株新出現的冠狀病毒與眾不同，突變讓它不只跨越物種，更取得進入人體肺臟的通行證。以往的冠狀病毒只攻擊人類的上呼吸道，引發一般的感冒，導致咳嗽鼻水。突變後的 SARS 病毒，除了能感染上呼吸道，更能感染下呼吸道，從大氣管、支氣管、小氣管直達肺泡，造成肺炎。

當感染發生，人體防禦前哨——免疫系統，偵測到外敵入侵，迅速號召白血球中的發炎細胞，順著血管通道抵達肺部，啟動猛烈攻勢，引起肺炎造成肺積水，以致於呼吸困難，這是 SARS 致死的原因！

為何感染會引起發炎反應？大家都有經驗，當身體碰撞一下或是割了一個切口，病灶處就會腫起來，但是有沒有想過，這個地方也沒多長一塊肉或是骨頭，那多出來的究竟是什麼？就是血漿的水分外漏！血液包含血球和血漿，微血管的通透性像極細的網子，血液包覆在這張網內，流經身體各器官組織，彼此交換氧氣、營養和廢物，這張細網將血球和血漿固定在血管內流動，當病毒感染了下呼吸道的上皮細胞後，就會造成組織損傷，細胞會釋放發炎因子，發炎因子會引發兩種效應，第一是微血管擴張，造成血液流動加快，號召白血球；第二讓內皮細胞的通透性增

加，引起血漿中的水分外漏，這就是肺積水，肺積水分完全淹沒肺泡，肺部就無法進行氧氣交換。若無法控制病毒感染，重要的器官缺氧，就會造成死亡。

內政部統計處的人口統計資料將人口區分為三大年層：幼年人口 0 ～ 14 歲、工作人口 15 ～ 64 歲、老年人口 65 歲以上，通常因一般感冒、流行性感冒而死亡的是老人和小孩，但 SARS 反而是年輕人。這是因為年輕人感染 SARS 病毒後會釋放出大量的發炎因子，引起發炎因子風暴（Cytokine storm）。

在免疫系統沒有完全啟動消滅病毒之前，病人就因為肺積水而往生，肺積水累積在肺泡中，無法用人工的方式抽吸排出，病人就需要做氣管插管及使用呼吸器，一方面，用加壓的方式將肺積水慢慢滲回體內，另一方面，幫助體弱的病人呼吸，這是為什麼 SARS 流行期間，呼吸器都不敷使用的原因。

救命解藥　源自痊癒病人

其實，一張顯微照片沒什麼了不起的。面對威脅生命的病毒，我真正在意的是如何讓民眾免於恐懼！SARS 爆發後，人心惶惶，造成和平醫院及仁濟醫院接續因院內感染嚴重而封院，當時只要有人發燒，無論是否中了 SARS，一律都要接受隔離，北區慈濟志工知道我在進行 SARS 研究，就請我一同隨行關懷。

我從慈濟人口中聽到有一位仁濟醫院的護理師同時也是慈濟志工，隔離回家後，仍擔心感染給家人，在燠熱酷暑之下，一個人住在公寓四樓加蓋的鐵皮屋內。慈濟人帶我去探訪她，看到這

位護理師的居住品質和內心的忐忑，對於該怎麼做，我心中已經有答案，此時再多口頭的保證都沒用，不如直接拿出證據。我對她說：「我幫妳抽一點血，直接去驗是不是還有 SARS 病毒」。我抽了一管血帶回病毒實驗室檢驗病毒基因，同時也測是否有 SARS 病毒抗體。

檢查結果出爐，抗體和病毒都沒有，所以當初她根本就沒有被 SARS 病毒感染。

後來，我檢驗了仁濟醫院所有的疑似病例，大部分都是確診者，但卻意外發現，受到 SARS 病毒感染後痊癒的這群人，體內抗體的「效價」都很高，可以更有效的中和 SARS 病毒！所謂的「效價高」，就是指一個單位血清裡面所含的專一抗體濃度高。由 SARS 痊癒者體內抽取出來的血漿，含有效價高的中和抗體，將此血漿輸入確診 SARS 肺炎的病人體內來治病，稱作「被動免疫治療」。

這作用機制就如同為被蛇咬者施打毒蛇血清一樣，其中的差別在於，蛇毒血清是由馬的血來製成，注入人體可能產生排斥問題；而將含有中和抗體的血漿輸入患者體內，絕對不會產生排斥。

為何可以從已經痊癒的病人身上取出「解藥」，救治剛被傳染、病情急轉直下的病人？那是因為剛剛自 SARS 康復的病人，血液中擁有大量能夠中和 SARS 病毒的抗體，所以抽取他們的血漿就可以直接救人，不過隨著人體痊癒，時間久了，這些血漿中專一性的抗體就變成英雄無用武之地，只能被代謝掉。但人體免疫系統的 B 淋巴細胞已經有了記憶，若 SARS 病毒再來襲，才能立刻快速大量製造抗體。

人體的免疫系統

1. 先天性免疫

先天性免疫系統能夠快速地對廣泛的病原體入侵做出反應，但不能夠對某一特定的病原體產生持久的免疫。

2. 適應性（adaptive）免疫

分為兩種：抗體免疫（B 淋巴細胞：產生抗體）、細胞免疫（T 淋巴細胞），負責主導調節；適應性免疫系統，就是靠人體的淋巴細胞來發揮作用，淋巴細胞屬於特殊類型的白血球，主要分為 T 淋巴細胞和 B 淋巴細胞，是由骨髓中的造血幹細胞分化而來。擬人化的比喻就是「適應性免疫」有兩隻手臂，一隻是 B 淋巴細胞產生抗體，來抵擋外來的攻擊；一隻是 T 淋巴細胞，直接去殺、消滅外敵，所以也稱「T 殺手細胞」，稱為「細胞免疫」。

我學免疫，從 SARS 痊癒病人身上發現效價高的中和抗體，給了我一個靈感。

我回頭與這些痊癒病人溝通，取得他們的同意捐贈血漿和少部分的白血球。但這些人是大病初癒，只抽取他們一單位或兩單位（約 250 ～ 500CC）的血，委請當時擔任三軍總醫院臨床病理科萬祥麟醫師（現任臺北慈濟醫院血液科主任）做了血漿分離術，留下血漿及一點點白血球細胞，將血球輸回體內。

我們取得了血漿裡效價高的中和抗體，可以救 SARS 患者。而從痊癒者的白血球當中，再純化出活的 B 淋巴細胞樣本，保留在液態氮容器裡，可延伸更進一步的研究。現在，全世界只有我們留下陽性康復患者早期製造 SARS 中和抗體的 B 淋巴細胞，其他各研究單位都只有保留血漿。

病毒的中和抗體

抗體（antibody）是人體免疫系統用來對抗細菌或病毒的蛋白質。人體被病毒感染或施打疫苗後，會產生抗體來抓住病毒。但每支抗體抓住病毒的部位可能不同，若抗體抓對位置便能阻止病毒入侵人體細胞，此類抗體能「中和」病毒的毒性，所以稱為中和性抗體（neutralizing antibody）。但並非所有抗體都會抓對位置而「中和」病毒，有些抗體雖抓到病毒蛋白，但卻未正中該位點，仍無法「中和」病毒、對細胞沒有保護力。這些就屬於非中和性抗體。

◎ 中性抗體的效價

中和抗體的效價，是將具有抗體的血清稀釋後，測試是否仍對病毒有中和力，稀釋倍數愈高而仍保有中和力，就表示中和抗體的效價愈高。

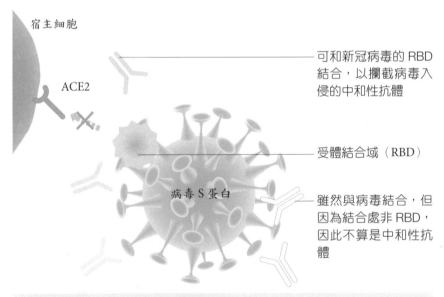

宿主細胞

ACE2

病毒 S 蛋白

可和新冠病毒的 RBD 結合，以攔截病毒入侵的中和性抗體

受體結合域（RBD）

雖然與病毒結合，但因為結合處非 RBD，因此不算是中和性抗體

中和性抗體（Neutralizing Antibody）

指能使病毒失去感染性，對細胞有保護力的抗體。因為病毒主要是靠刺突蛋白上的受體結合域（RBD）與人體細胞受器（ACE2）結合，才能入侵細胞進行破壞。中和性抗體與新冠病毒刺突蛋白上的 RBD 結合，阻止病毒進入細胞，避免感染。

資料來源：中央研究院

解讀細胞密碼　找尋中和病毒的精準抗體

　　SARS 至今已十幾年過去，全世界仍舊尚未研發出對應的藥物及疫苗，治療採用被動免疫的模式進行，自 SARS 痊癒病人身上抽取血漿，取得抗體，再施打入病人的體內。2007 年，我們病毒實驗室與德州大學醫學院加爾維斯頓分校（The University of Texas Medical Branch at Galveston）合作，我們提供血漿讓他們進行老鼠的被動免疫研究，藉由動物實驗模式證實此「被動免疫治療療法」有效。

　　後續在加爾維斯頓分校實驗室一位華人研究員 Chien-Te Kent Tseng 教授的引薦下，德州大學的奧斯丁分校 2013 年也來與我們實驗室進行基因工程的相關研究。但奧斯丁分校所需要的並不是血漿，是製造血漿內抗體的 B 淋巴細胞，而且希望是剛自 SARS 痊癒病人身上取得的 B 淋巴細胞，他們在全世界四處尋找，發現只有我們才有。

單株抗體
（ monoclonal antibody, mAb ）

　　是僅由單一種類型的細胞製造出來的抗體，對應於多株抗體來說，多株抗體是由多種類型的細胞製造出來的抗體。

　　我們病毒實驗室留有製造 SARS 抗體的 B 淋巴細胞樣本大概有十來個，因為我知道這個抗體是 B 淋巴細胞產生的，我不只留了子彈（血漿內的抗體），也把兵工廠（B 淋巴細胞）留了下來做樣本，而且是活的兵工廠。奧斯丁分校需要我們的兵工廠，期待能利用基因工程來研發人源性可中和 SARS 病毒的單株抗體。

血清是由 SARS 痊癒病人身上抽取的,而血清是多株抗體的集合,真正有效能中和 SARS 病毒的抗體不到百分之一,加上血清來源有限且有感染致病的風險,用一次就減少一次的劑量。而利用基因工程來製作可中和 SARS 的人源性單株抗體,目的是希望可建立一個廠房,能交由細菌源源不絕、大量製造 SARS 的單株抗體,作為治療 SARS 的精準藥物,同時也是可以預防 SARS 的疫苗,目前研究仍在進行中。

疫情流行危機意識　隨時做好準備

時間回到 2003 年 7 月 5 日,世界衛生組織在這一天宣布臺灣自 SARS 感染區除名,成為最後一個除名的地區。雖然 SARS 引發了重大危機,但單就數據來看,SARS 的傳播力與普通病毒相比,不是特別快,流行性感冒的傳染力更有過之而無不及。

十四世紀黑死病,造成歐洲約五千萬人死亡,超過全球人口一半;1918 年西班牙流行性感冒,全世界 17 億人口有 5 億人受感染,死亡人數約五千萬到一億之間,當時西班牙流感花了一年的時間傳遍全世界。SARS 病毒傳播力不及流感病毒,是靠著空中交通的便利,才會在短短兩週的時間內傳遍各國。

2017 年底一則新聞報導,為釐清果子狸是否為唯一宿主或者是究竟如何遭受感染,中國大陸一群科學家深入不同的蝙蝠洞,去找尋 SARS 冠狀病毒的原始宿主。比對發現其中所採集到的 15 個蝙蝠糞便檢體,全出自雲南同一個蝙蝠洞,與造成疫情的 SARS 病毒,基因排序一致!

蝙蝠，哺乳綱，與人類同屬哺乳動物，基因排組較為趨近，讓病毒更能有機會傳染到人類身上。以蝙蝠為自然宿主的病毒，最常聽到的有：麗沙病毒所造成的狂犬病、1994 年在澳洲爆發流行的亨德拉病毒、1998 年於馬來西亞、孟加拉及印度爆發嚴重疫情的立百（Nipah）病毒。進入 21 世紀，2012 年在中東地區首次發現新型人畜共患疾病 —— 中東呼吸症候群冠狀病毒感染（MERS-CoV），同樣也是由蝙蝠攜帶病原傳播。

2018 年新聞報導立百病毒再次於印度現跡，造成十數人死亡，無疫苗可施打，只能使用支持性治療，死亡率為 75%。若 SARS 再次出現，也會面臨同樣的情形，沒有疫苗、沒有藥物。2017 年 12 月 20 日一則新聞「美國解禁致死病毒研製！SARS、MERS 恐重見天日」，報導美國國立衛生研究院於 12 月 19 日發表聲明，將核可三種病毒進行研究，包括 SARS、MERS 及流感，為對抗危害公共衛生且急遽發展的病原體，必須制定對應的戰略及對策。

2003 年發生的 SARS 只是警訊，一旦新型流行病爆發，隨著運輸工具的發展、不斷開墾原始叢林、人口不斷上漲並湧向都市，傳播力只會更快。如何從 SARS 的慘痛經驗學得教訓，防患於未然，是不可輕忽的重要防疫工作。

SARS 疫情在短短數個月內消聲匿跡，讓全世界鬆了一口氣，研發單位也不再需要大量製造 SARS 疫苗。而我們的研究團隊，把感染過 SARS 病人的血清、B 淋巴細胞，安全的放在病毒室裡，隨著因應著最不希望發生的病毒的變異與反撲。

7 新冠病毒（COVID-19） 新疫苗，現在進行式

2019 年 12 月最早在武漢出現了新型呼吸道疾病的案例，科學家們在研究之後，確定它和 2002、2003 年導致 SARS 流行的病毒很有關，SARS 疾病的冠狀病毒名為 SARS-CoV，就把這個新型病毒命名 SARS-CoV-2，後來世界衛生組織正名為 COVID-19，「2019 新型冠狀病毒」。新冠肺炎在 2020 年 3 月被世界衛生組織定性為「全球大流行」，而這個流行居然還在 2023 年持續。

從 2019 年底到 2022 年 12 月底，三年多了，疫情一波未平一波又起，在世界各國彼落此起，全世界 197 個國家地區出現疫情，甚至有些疫情非常嚴重，造成醫療量能嚴重負荷，甚至超載，兩年的時間累計超過兩億七千萬人確診，死亡人數超過 534 萬。

而且 COVID-19 已經從原始病毒株開始變種，從 Alpha、印度變種 Delta、到 Mu，照希臘字母的排列已是第 12 種變種病毒，在 2021 年 12 月又出現變異株 Omicron。當然，它還繼續在隨著時間不斷突變。

❖ 及早準備 PCR 篩檢診斷工具

在 2019 年底 COVID-19 在武漢一出現時，臺灣還沒有任何確診者，但我們保持關注，我們一向的做法就是，我們認為這個病

毒它遲早會進來，所以我們就要先做「診斷」，所以我們就著手準備，發展診斷的技術。

當 2020 年 1 月 5 日我在復旦大學上海公衛暨臨床中心的同事——張永振教授首先把中國大陸 COVID-19 病毒的全基因核酸序列公布在 NCBI 基因銀行後，WHO 世界衛生組織就以這個新冠病毒的全基因序列和過去的 SARS、MERS 等冠狀病毒比對，有相同的地方，也有相異的地方。

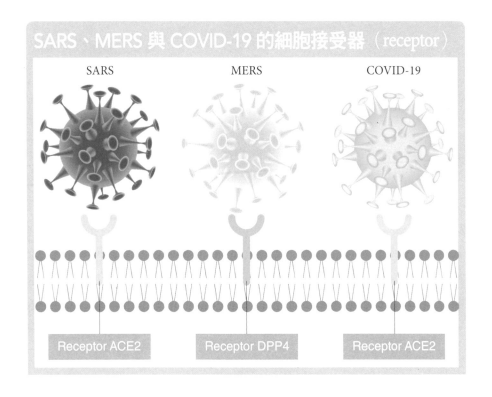

要診斷有沒有被 COVID-19 感染，就要拿這個病毒跟其他病毒不一樣、特別的地方來看，要不然會搞混，到底是哪一種？一定是我們去選它不一樣的地方來做 PCR（核酸檢測），設計 PCR 診斷工具。

因為世界衛生組織很快就比對出核酸序列的差異，建議應該用哪一段來測 COVID-19 新冠病毒。我們沒有確診病人，所以是用合成的方式來測試，透過實驗室已有的舊型的冠狀病毒，實證沒問題，這一段可以做新冠病毒的診斷。

》抗原快篩 VS. 核酸檢測 VS. 抗體快篩

	抗原快篩	核酸檢測（PCR）	抗體快篩
原理	檢測檢體中是否含有病毒的抗原（蛋白質）	檢測檢體中是否含病毒的遺傳物質（基因）	血清中是否含有病毒的抗體
時間	15 分鐘	至少 90 分鐘，48 小時內取得報告	檢測結果所需時間？抗體在感染或疫苗注射後 2 至 3 週才能得到準確度高的結果
缺點	1. 超過時間，呈現偽陽性 2. 敏感度不及核酸檢測	需有防呆設計，避免偽陰性	不適合防疫

設計 PCR 採檢的防呆機制，避免偽陰性

做檢驗，就要精準、可靠。所以 PCR 檢測方法有了之後，接著要確認前端到後端一系列都是確實做好的，從前端醫師採檢取樣、採檢好的運送、到後端實驗室執行檢測、報告輸入。前面萬一差之毫釐，後面結果就會失之千里，所以我們最擔心的就是，前面醫師在採檢時根本就沒有採到正確的樣本，萬一醫師是生手或怕被傳染而很緊張，沒有採到，棉棒（檢體）送來了，萬一確診病人檢測結果是陰性，沒有隔離沒有治療，四處散播，就變成可怕的感染源了。所以我們就設計了前端的防呆機制，如果沒有採到正確的檢體，我們會知道，這份 PCR 檢測就不發陰性報告，而是要求重新採檢。

甚至後來有出現「臺灣是新冠輸出國」的國際新聞，因為檢體是陰性而出國，結果被驗出是陽性。我們就一直要求衛生署公布是哪個單位的錯誤檢測導致陰性結果而讓我們這些病毒檢測機構都背了黑鍋。我認為絕對不是我們花蓮的，我對我們的結果非常有信心，我相信很多的醫院並沒有這樣的防呆機制。不是檢驗師的錯，可能是臨床醫師沒有正確採檢而出現陰性的結果。政府應該要公布，然後檢討改正。我們內行人看，這是衛生管理單位應該盡責的地方。

測抗體無助防疫

用抽血的方式來測血液中有沒有新冠病毒的抗體，其實沒有什麼意義。以愛滋病為例，身體對愛滋病毒產生抗體之前會有一段空窗期，有抗體是感染後發生的，但是感染後多久的時間發生？中間有至少有兩個星期的空窗期。所以曾有人去捐血，捐血時檢查愛滋病毒是陰性，結果他的血輸給別人，導致對方得愛滋病。為什麼？因為那是已經被病毒感染的空窗期，抗體還沒出來。

所以測抗體，對防疫是有風險的。測抗體可能會得到偽陰性的結果，他其實是帶著病毒的。這時你沒有測到抗體，報告說沒問題、安全，是陰性，就沒有隔離是最可怕的，會傳染給別人。

反過來，抗體快篩是用免疫的方法測抗體，所有的抗體都測得到，但是唯一它不知道這抗體有沒有中和能力，所以即使有抗體，仍然可以是感染中，繼續傳給別人。所以要用來防疫，測抗體是靠不住的。

❖ 抗疫藥物準備

從一開始得知有新冠病毒，我們就著手備戰，也完成了 PCR 核酸檢測方法，在不斷跟進疫情、研讀文獻的同時，我們很早就給醫院一些藥品的建議，請他們提早備藥來因應新冠疫情。

最早期只在中國大陸流行，還沒有擴及全世界的時候，當時美國總統川普開口說奎寧可治新冠肺炎，我們則是根據文獻得知有一種洗腎時預防血栓的藥物，是一個蛋白酶的藥，簡單來說是它可以抑制新冠病毒的棘蛋白與接受器的結合，阻斷繼續感染。花蓮慈濟醫院原來沒有這種藥物，通常是日本較常使用，所以我們告知藥劑部主任後，醫院就買來備用。

文獻還指出有一種上市已十幾、二十年的化痰藥片，白鬆粉，對於新冠病毒肺炎能有治療效果。我判斷至少可能有病治病，沒病預防，因為這種化痰藥物沒太大的副作用。醫院本來就有存貨，藥局也因應疫情多備一點庫存，而且這種藥算便宜的。

疫情期間，我在急診遇到病人有呼吸道問題，就會加開這個化痰藥片。一般來說，我這邊開單請他去接受 PCR 核酸採檢，等待檢測結果出爐前，我就請病人先吃化痰藥，正好也改善呼吸道症狀。記得在第二波疫情高峰期，有些人來急診很焦慮，怕自己染疫，化痰藥除了改善症狀，也有化解病人焦慮的心理作用。

❖ 怎麼阻斷新冠病毒的感染鏈

從冠狀病毒的結構圖可看到它有「冠」，也就是「棘蛋白」（spike protein），冠狀病毒有 26 種蛋白（質），棘蛋白是其中之

一，它的功能是負責跟宿主的接受器（或稱受體，receptor）結合。這次的新冠病毒，就是靠著棘蛋白跟人體的 ACE-2（血管收縮素轉化酵素）接受器結合，吸附在細胞上。很多器官上都有 ACE2 接受

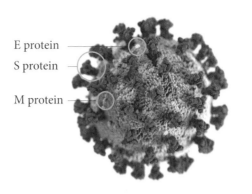

E protein
S protein
M protein

器，特別是腎臟及肺的細胞，也包括呼吸道的細胞，所以冠狀病毒就靠著它的棘蛋白與呼吸道的細胞結合，造成嚴重的上呼吸道感染症狀。ACE-2 也是一種在鼻腔大量存在的酵素，所以新冠肺炎也會造成嗅覺異常甚至尚失的症狀。

2003 年的 SARS 疫情很快結束，所以世界上沒有做出 SARS 的藥物，也沒有製造出疫苗。MERS 流行的時候，因為病毒主要在駱駝身上，也是滿容易隔離阻斷的，所以也沒有人去開發 MERS 的藥物或疫苗。

可是 COVID-19 新冠病毒這次就不一樣，三年多的時間仍然揮之不去，它還不走。其實它的死亡率沒有 SARS、MERS 高，死亡率到目前為止為 2%，SARS 跟 MERS 的死亡率高到 8 ～ 9%。問題是它傳染得很快很廣，不是像 SARS、MERS 那麼容易做隔離，才會造成全世界這麼大的疫情。

新冠病毒最常見的突變，就是它的棘蛋白變了，因為新變種的棘蛋白不再需要 ACE2 接受器，可以跟人體其他的接受器結合，變來變去，去找新的感染的宿主細胞。原來的中和抗體也失效了，是造成棘蛋白疫苗對變種病毒無效的原因。但新冠病毒其他 25 種蛋白是負責去複製病毒的，變異了功能受到影響，病毒就無法生存，這種恆常不變的病毒蛋白，才是理想的疫苗抗原。

但是所有目前的新冠疫苗的運作機制，就是針對棘蛋白，趕快去產生一個抗體，讓抗體接在棘蛋白上，阻斷它跟接受器的結合，這是想要快速生產的疫苗，卻因為抗原選擇錯誤，不敵棘蛋白易變異的冠狀病毒。

飛速上市的新冠疫苗

過去的疫苗上市使用，從研發、製造、優化、臨床試驗三階段到通過獲准上市至少要十年的時間，例如 B 型肝炎疫苗、子宮頸癌疫苗等等，但新冠肺炎疫苗卻只花了一年多的時間就緊急通過（EUA），讓無效或副作用的風險給接種者承擔，還鼓勵普遍施打，這在疫苗發展史上真的是破天荒的事。在疫苗史上被證明對病毒最有效的是天花及小兒麻痺疫苗，都是減毒活病毒疫苗，但需要費功夫去減毒，所以急功近利的製藥企業推出未經小心驗證的新科技疫苗，違反病毒學及免疫學的基本知識，犯下兩個低級的錯誤：1. 選錯疫苗抗原；2. 選錯接種途徑。

接腺病毒的 AZ 疫苗

AZ 疫苗是把棘蛋白的基因（DNA）接在腺病毒的基因上面，讓活的腺病毒去感染接種了疫苗的人，所以打了 AZ 疫苗以後會發燒、全身痠痛，因為你得了腺病毒。它種的腺病毒是活的，不過不是我們人常常在得的腺病毒，而是取自黑猩猩身上的一種腺病毒，在人體上通常只會繁殖一代，不會繁殖第二代，所以接種 AZ 疫苗的人，當天會發燒，過兩三天就沒事了。

相對的，打 AZ 疫苗最大的問題就是，產生的抗體中，有95% 是對腺病毒的免疫力，而只有 5% 是對抗冠狀病毒免疫力。

所以 AZ 疫苗打兩劑就足夠了，再繼續打，產生更多的只是對抗腺病毒的免疫力，反而對新冠病毒的棘蛋白沒有作用。所以 AZ 疫苗不需打第三劑。更嚴重的是選錯棘蛋白作抗原，對冠狀病毒的新變種就失效了。

與棘蛋白結合的基因 DNA 或 mRNA

對於冠狀病毒，目前所有的疫苗都是壓寶壓在對棘蛋白產生抗體，像高端疫苗是棘蛋白的 DNA 蛋白，莫德納、BNT、輝瑞是棘蛋白的 messenger RNA（mRNA，信使核糖核酸）。

mRNA，信使核糖核酸

是由 DNA 經由轉錄而來，帶著相應的遺傳訊息，為下一步轉譯成蛋白質提供所需的訊息。

裝著 0.5CC 新冠疫苗的針管從手臂上的肌肉打進體內，接著在血液中產生抗體。可是，冠狀病毒是從呼吸道進入體內，呼吸道裡面沒有對它的抗體，等到病毒進到血液裡才碰到抗體。所以這並沒有達到我們希望「阻絕敵人於境外」的效果，無法有效將病毒阻擋在身體外，只能讓它進到血液之後，而且要產生了中和抗體，才有能力去對抗病毒。

目前的新冠疫苗，都是把新冠病毒的基因或蛋白打入人體來產生抗體，但抗體裡面有的有中和能力，有的不具備中和能力，有中和能力的抗體才能提供對抗病毒的免疫力。而且，這些由 B 淋巴細胞產生的抗體，只存在血液中，壽命很短，幾個月就消失了。所以這一類的疫苗，就要每隔幾個月就必須透過追加注射的方式來補強免疫力。

最離譜的是新冠病毒從呼吸道鼻腔進入感染黏膜上皮細胞，沒有進入血液循環中，根本讓血液中的中和抗體無用武之地。所以注射這種疫苗沒有預防感染的效果，防止重症發生也必須不停追加注射，還必須是感染沒變種的原始新冠病毒才有效。

❖ 活弱毒性的新冠疫苗，終身免疫

現在的冠狀病毒疫苗都是針對容易變異的棘蛋白來產生抗體，所以註定是短命的，新變種產生了就要補打疫苗。根本的解決方案是研發活病毒自然感染才能夠活化 T 淋巴細胞的疫苗，因為 T 淋巴細胞免疫力有下例幾個優點：

1 維持長效：壽命很長的 T 淋巴細胞，才可以維持長效，甚至終身免疫，這是我們開發的新冠疫苗的目標。

2 抗原恆常不變：T 淋巴細胞殺死病毒感染細胞是靠著辨認病毒不易突變的蛋白，不是很容易變異的表面蛋白如棘蛋白。所以自然感染活病毒後所產生的 T 淋巴細胞免疫對任何新變種都有效。

3 阻止病毒複製：如果病毒已經跟接受器結合躲在細胞裡面，抗體是對它沒轍的。所以對病毒感染症來說，有效的免疫力是殺手型的 T 淋巴細胞，由 T 淋巴細胞去把被病毒感染的細胞清除，讓病毒沒有辦法複製；這也稱之為「細胞免疫」。

4 限制病毒於境外：弱活病毒疫苗接種的途徑可以模仿自然感染，由口服或鼻吸，產生的免疫力也存在呼吸道及消化道的黏膜上皮組織中，如分泌型抗體 IgA，上皮組織中的殺手 T 細胞（$\gamma\delta$ T），在病毒進入身體裡面之前就阻擋在外了。

理想的的新冠疫苗　早就在我們身旁

自然感染的活冠狀病毒又怕致病力太強不安全，拿新冠病毒去減毒也曠日費時，在世間如何能馬上找到弱毒力的冠狀病毒呢？

其實除了 2003 年 SARS、2008 年 MERS 是為人熟知的冠狀病毒，COVID-19 是新型的冠狀病毒外，病毒學家知道過去（1965 ～ 2003 年）在地球上曾經發生過四次冠狀病毒的人類大流行，因為症狀輕微，科學家知道並不是流感病毒造成，但對人類沒有什麼威脅，被感染到的人像感冒一樣，很快就康復了，所以這四次的冠狀病毒雖被保留下來但沒有積極研究。冠狀病毒反而會造成一些動物的瘟疫，讓畜牧養殖業比較擔心。

重點是，因為這四種舊型的冠狀病毒早就存在，所以我們病毒實驗室已有四株舊型冠狀病毒，它們不像新冠或 SARS 病毒具有高毒性，它們是只會造成感冒的弱毒性冠狀病毒。前面曾提過，國際間疫苗開發的原理，是選活的病毒株，以長期培養或基因工程減去毒性，之後製成疫苗或藥劑。為何不直接用弱毒性的病毒株呢！我們用已有的舊冠病毒來製造疫苗，讓疫苗接種者自然感染活病毒，產生抗體及殺手 T 細胞免疫，接種方法採用口服式或鼻吸式的，產生的免疫反應在呼吸道及消化道上皮黏膜就阻止病毒感染。

當是，慈濟做的事一定要合法。目前正以臨床實驗進行，由醫院啟動的研究計畫執行臨床實驗。臨床實驗取得的數據還不足以拿去申請 GMP 藥證。證嚴上人的理念是救人為先，目的不是為賺錢，但一方面又希望搶時間，所以我們先從臨床實驗證明它真的有效，起碼可以先救一些人。如果效果不錯，就希望與藥廠合作，取得 GMP 藥證。

【卷4】

病毒也有季節偏好？

每年季節交替之際，除了流感，也是病毒性
腸胃炎好發的時期。還有些病毒，因為帶原的
宿主喜歡溫暖炎熱的氣候，讓這個病毒有了愛「湊
熱」鬧的壞名聲！

鬧肚子、溫和的諾羅病毒

> 　　花蓮慈濟中學一次學生集體中毒事件，發生在 2003 年 SARS 疫情期間，讓我們一陣緊張，全員戒備，隨時準備隔離。幸好檢驗確認是諾羅病毒，只是虛驚一場。
>
> 　　諾羅病毒有趣的點是，到今天為止，都沒有任何實驗室可以培養出病毒株。因為沒有辦法培養出諾羅病毒，所以也沒辦法製作出諾羅病毒的單株抗體，就沒有對抗諾羅病毒的解藥。還好諾羅病毒只會讓腸胃道發炎，不會造成什麼大瘟疫。

❖ 季節交替，好發病毒性腸胃炎

　　季節交替之際，除了流感好發，也是病毒性腸胃炎好發的時期。「根據疾管署統計，上周有超過 13 萬人次因腹瀉就醫，近 4 周腹瀉群聚更達 50 起，病原以諾羅病毒為主……」每年到 3 月、11 月，季節交替的月分，疾病管制署和各地衛生機關就會提醒民眾留意病毒性腸胃炎，惹事的就是諾羅病毒。

　　諾羅病毒（Norovirus），舊稱「類諾瓦克病毒（Norwalk-like virus, NLVs）」。諾瓦克（Norwalk）是美國中西部的俄亥俄州一個鎮名，1968 年時曾發生許多高中學生突然間急性腸胃炎發作，原來是病毒感染導致的腸胃炎。以前沒有人知道這個病毒的存在，此後就以諾瓦克鎮來為這個病毒命名。後來在日本也發現一個類似的病毒叫札幌病毒（Sapporo virus），透過電子顯微鏡觀

察到這兩者都是小型、圓狀的小圓結構病毒（Small Round Structured Virus: SRSV），就取諾瓦克（Norwalk）的第一個音節與札幌 Sapporo 的尾音結合，命名為諾羅病毒（Norovirus）。它們在電子顯微鏡下看起來，都像是一粒一粒的沙，屬於沙狀病毒。

諾羅病毒不會致命，它是滿溫和的病毒。

只是，為什麼每年在季節交替的時節就跑出來呢？諾羅病毒是偶發性的，跟輪狀病毒一樣，是經由口糞傳染。為什麼你覺得諾羅病毒有一陣子沒出現了？原因是大家都被感染過、有免疫力了，下一次是它的新變種出現來搗亂。像 2021 年 10 月新北市聖心女中有 140 個學生在食用晚餐後疑似食物中毒，出現腹痛、拉肚子症狀，原因正是諾羅病毒，後來確定是供餐的環節出了問題。

先天性免疫，足夠抗衡諾羅病毒

像諾羅這種毒性弱的病毒上身時，只要靠人體「先天性免疫」功能的吞噬細胞或干擾素，就可以解決了；諾羅病毒就是少數不需要抗體的，人體的吞噬細胞或干擾素就可以把它們解決掉，所以通常二到四天，病就會好了。

在國外的話，小朋友感染諾羅病毒的腸胃炎，就給他們喝不含咖啡因的飲料，不用吃藥。如果有嘔吐症狀，吃不下時，再打點滴，沒幾天就會康復。

如果得了霍亂，那是被霍亂弧菌感染小腸的急性腹瀉疾病，是有可能致命的；相對於霍亂，諾羅感染的腸胃炎比較輕症，即使感染人數稍微多一些，也不會延燒到整個社區。通常靠先天性

的免疫就可以控制住病情，之後人體的適應性免疫功能產生，就會讓身體產生對抗諾羅病毒的免疫力，而且會長時間存在體內。

如果下一個季節再出現的諾羅病毒，就是變種了，人體就重新再來一次免疫功能產生的循環。所以，對諾羅病毒，我們不用做什麼事，就是與它和平共存。

❖ 先搞懂病毒與毒物的「毒」不一樣

食物中毒跟病毒感染是不一樣的。

我來到慈濟醫院之前，是做病毒與免疫，但是我到急診的第一個主管職居然是做「毒物科主任」，病毒和毒物，是完全不一樣的「毒」。

病毒學（Virology）是生物與微生物的領域，急診的毒物科是 Toxicology，是指化毒，化學產生的毒素，也許是細菌產生的毒素、也許是蛇的毒、植物的毒，跟毒物、中毒有關。事實上病毒是屬於感染科的範圍，因為它是微生物的一種，我本來是做病毒，卻來當毒物科主任，做毒物科主任卻沒有毒物科的專長，那怎麼行，所以就找一個蛇毒來做，名正言順一點。

食物中毒，是食物因為不新鮮、被感染而長了菌，通常是食物沒有放冰箱冷藏、冷凍，或是放在室溫下太久，就會長細菌或黴菌。黴菌的生長速度較慢，如果在冰箱放兩、三天冷藏，食物也不會長黴。但食物裡的細菌，繁殖速度比黴菌快，細菌繁殖以後就產生毒素。

細菌的外毒素，惡名昭彰

細菌產生的毒素分為兩種：內毒素、外毒素。內毒素，是細菌本身的結構；外毒素，是細菌生長後故意釋放、分泌出來的，外毒素通常都是蛋白質，例如：肉毒桿菌素。

外毒素通常會造成上吐下瀉，甚至引起心臟血管循環的問題，所以有人中毒後，造成神經肌肉麻痺。

大家較常聽到惡名昭彰的都是外毒素，比方說：抽筋、破傷風。破傷風是破傷風桿菌侵入人體的傷口，在傷口內繁殖並產生兩種外毒素，神經性的外毒素——痙攣毒素，造成肌肉痙攣，也就是一般說的抽筋，抽筋是破傷風的早期症狀；另一種是血液性的外毒素——溶血毒素，會引起組織壞死、心肌損害。

霍亂的外毒素，就是作用在血管造成水瀉，讓腸子不但無法吸收水分，還會把身體裡的水分釋放到腸道裡面，一直「拉到脫水」，這是很有名的。

細菌的內毒素，沉默殺手

內毒素是大家比較不常聽到，可是內毒素通常是陰性的細菌產生的，是「沉默殺手」，看起來不怎麼嚴重，可是突然就會導致血壓下降、白血球減少，然後就休克、器官衰竭。

內毒素是作用在血管的收縮接受器上面，讓血管變得鬆弛，血壓不能維持，接著大量的水分漏到血管外面，造成休克。

內毒素

內毒素是細菌的結構成分，當細菌被溶解時而被細菌釋放出來。一般來說，活的細菌不會分泌可溶性的內毒素。

◎ 陰性的細菌

革蘭氏陰性菌（Gram-negative bacteria），泛指革蘭氏染色反應呈紅色的細菌。革蘭氏染色測試，是用來區分兩種細胞壁結構不同的細菌，「革蘭氏陽性菌」在測試後呈現紫色，呈現紅色的，就是陰性的細菌。陰性菌通常會致病，最具代表性的就是大腸桿菌。

◎ 革蘭氏染色（Gram stain）

革蘭氏染色，由丹麥的醫師漢斯・克里斯蒂安・革蘭於 1884 年發明，最早是用來鑑別肺炎球菌與克雷白氏肺炎菌之間的關係，現為全世界用來鑑別細菌的一種方法。

❖ 一個人或一群人？吃了多久才發病？

食物中毒，大部分是「外毒素」。所以在臨床上的區別就很簡單，今天一個病人上吐下瀉來掛急診，我們第一件事情就問他：「當時一起吃的人，別人會不會這樣」？

如果一起吃的人都上吐下瀉，表示那桌食物有外毒素，人人吃了都倒楣，無人倖免，集體食物中毒。

反過來，如果是這一個人吃了有事，別人吃了都沒事，那就不是食物中毒，通常是那個人食物過敏。

諾羅病毒是口糞傳染，但未必是吃了相同一種食物，可能是廚師感染了諾羅病毒，他經手的好幾種食物都有諾羅病毒，所以一大堆人都感染了。

以風味獨特的日本食物納豆為例，納豆是大豆發酵製成的，它那個細菌就是不產生外毒素，反而被當成益生菌來吃。萬一它產生了外毒素，吃了就會中毒。

食物中毒的反應會很快，通常是吃下去一、兩個小時就馬上發生了，因為它不需要等細菌到了你的腸胃道才繁殖。而像諾羅病毒，就是要到腸胃道繁殖才會開始有症狀出來，時間就會比較久，可能半天、一天以上。

諾羅病毒，減肥藥候選人

諾羅病毒存活在身體裡面的話，那個人就會一直拉肚子，等到他身體裡的先天免疫作用，吞噬細胞跟干擾素開始工作了，就會抑制諾羅病毒的複製，所以通常干擾素上來之後兩三天，病就好了。如果是一般的病毒，打了疫苗之後到產生抗體至少要一個星期，因為要等適應性的免疫發生作用。

感染過諾羅病毒的人，有可能變成帶原者，因為身上有些病毒沒有被干擾素全部清除，那他就是無症狀的帶原者，可能又傳染給下一個人，這個被傳染的人，可能會有兩三天不舒服，腹瀉或嘔吐，等到先天性免疫出來後就會康復。通常不用吃藥，如果拉肚子就等狀症自然停止，有嘔吐吃不下時才需要打點滴補充營養。所以，其實諾羅病毒用來做減肥藥很適合。

定序臺灣的諾羅病毒：第一株

我剛來花蓮不久，靜思精舍通報有人身體不適，懷疑是諾羅病毒感染，當時同事去採檢，我自己沒有過去，不過從症狀就判斷是諾羅病毒，我們就做 PCR（聚合酶連鎖反應）檢測確定。

到目前為止，諾羅這個病毒是沒辦法培養的，全世界沒有人培養成功，我們也嘗試了，真的是養不成功。我想如果花個十年、二十年下去，我應該還是能夠培養出諾羅病毒，它的難度在於必須在消化道的上皮細胞來繁殖，而且需要一個特別的元素或成分來幫它長期培養。目前全世界都沒有培養，因為它沒有對人類造成大傷害，所以大家就不會把它當成一個值得全力投注研究的標的。

雖然養不出諾羅病毒，可是運用分子生物學，把基因拿出來進行 DNA（核酸）定序，就像現在的新冠病毒一樣，把它的基因核酸順序定序了之後，就可以合成。

問題是，我們做諾羅病毒抗體要幹嘛？它明明有先天免疫，根本不用抗體就可以控制了，而且做出疫苗後，它也還是會變異。就跟現在的新冠病毒一樣，一直有新變種，疫苗也打不完。

沙狀病毒，就是形狀很像沙子一粒一粒的病毒，諾羅病毒的核酸序列很接近，所以被歸類於沙狀病毒科，沙狀病毒科裡很多其他的病毒都可以被培養出來，從電子顯微鏡裡可以清楚看到是一堆沙子的形狀。

精舍當時的諾羅病毒，我們也送去 DNA 定序檢測，就追蹤到是從日本來的。

DNA 定序（核酸定序）

DNA 定序，是指分析特定 DNA 片段的鹼基序列，可用來做為檢測診斷工具。

◎ DNA（deoxyribonucleic acid，去氧核醣核酸）

DNA 是一種長鏈聚合物，DNA 長鏈所排列的序列，可組成遺傳密碼，是蛋白質胺基酸序列合成的依據。在細胞內，DNA 能組織成染色體結構，整組染色體則統稱為基因組。

◎ RNA（ribonucleic acid，核糖核酸）

自然界中的 RNA 通常是單鏈的，而與 RNA 同為核酸的 DNA 通常是雙鏈分子。

RNA 通常由 DNA 經由轉錄生成，RNA 有多種多樣的功能，可在遺傳編碼、轉譯、調控、基因表現等過程中發揮作用。RNA 可依功能分為多種類型，例如：在細胞生物中，mRNA（傳訊 RNA）遺傳訊息的傳遞者，它能夠指導蛋白質的合成，因為 mRNA 有編碼蛋白質的能力，又被稱為編碼 RNA。

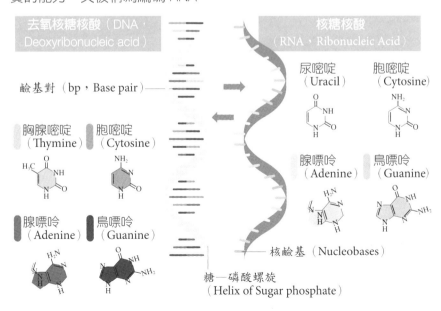

去氧核糖核酸（DNA，Deoxyribonucleic acid）

核糖核酸（RNA，Ribonucleic Acid）

鹼基對（bp，Base pair）

尿嘧啶（Uracil）　胞嘧啶（Cytosine）

胸腺嘧啶（Thymine）　胞嘧啶（Cytosine）

腺嘌呤（Adenine）　鳥嘌呤（Guanine）

腺嘌呤（Adenine）　鳥嘌呤（Guanine）

核鹼基（Nucleobases）

糖—磷酸螺旋（Helix of Sugar phosphate）

每一年都有諾羅病毒的變異株，要怎麼知道是從哪裡來的呢？

簡單的說明一下，就是把它跟人家最不同的那一段基因，稱為 polymorphic，就是多形、變化很大的區域，送去病毒資料庫比對，就得到「啊！那是從日本來的一種諾羅病毒」的答案。做完定序之後，我們就把它存到國際的基因銀行裡，讓全世界都知道。我們存入的時候，我們是全臺灣第一個存入諾羅病毒定序的實驗室，我知道後來長庚醫院也存了。

對於諾羅病毒，人們不用害怕，只要和平共存就好。當然，只要保持良好的衛生習慣，也能與腸胃炎絕緣的。

諾羅病毒感染引起的症狀

主要為噁心、嘔吐、腹瀉及腹絞痛，也可能合併發燒、寒顫、倦怠、頭痛及肌肉酸痛。一般而言，年紀較小的幼童嘔吐症狀較明顯。症狀通常會持續 1 至 2 天，之後就會逐漸痊癒。

諾羅病毒的感染途徑：

1 食入被諾羅病毒污染的食物或飲水。

2 接觸被諾羅病毒污染的物體表面，再碰觸自己的嘴、鼻或眼睛黏膜傳染。

3 諾羅病毒只需極少的病毒量便可傳播，因此與病人密切接觸或吸入病人嘔吐物及排泄物所產生的飛沫也可能受感染。

※ 資料來源：疾病管制署

9 登革熱——高溫下，蚊子的盛宴

> 臺灣在 2015 年爆發了很嚴重的登革熱疫情，臺南市確診的病例數超過兩萬人，112 人死亡，主要為第二型病毒，隨著到年底氣溫下降及採取防疫措施才結束疫情。
>
> 回顧過去，臺灣在 1901 年、1915 年、1931 年及 1942 年發生過登革熱疫情，其中以 1942 年最嚴重，據估計當時居住在臺灣的人可能都罹患過登革熱，但都是第一型登革熱病毒。而 2015 年臺南流行的是第二型登革熱病毒。

現今臺灣對於登革熱已能有效的控制甚至杜絕疫情發生，但在南亞，卻愈來愈嚴重，2021 年初到 10 月已有超過 16 萬確診病例；印度超過 11 萬，巴基斯坦與印度接壤的兩個省共出現超過 2 萬 3 千例，孟加拉也有 2 萬 5 千名患者入院。根據世界衛生組織與美國疾管署數據顯示，全球有超過 40 億人居住在有登革熱風險的地區，每年約有 4 萬人死於重症的登革熱。全球處於高登革熱風險的地區集中於中、南美洲、東南亞與非洲東部地區，臺灣也包括在其中。

登革熱（Dengue fever）四種分型

登革熱（Dengue fever），是一種由登革病毒所引起的急性傳染病，這種病毒會經由蚊子傳播給人類。並且分為 I、II、III、IV 四種血清型別，而每一型都具有能感染致病的能力。

患者感染到某一型的登革病毒，就會對那一型的病毒具有終身免疫，但是對於其他型別的登革病毒僅具有短暫的免疫力，還是有可能再感染其他血清型別病毒。

臨床上重複感染不同型登革病毒，可引起宿主不同程度的反應，從輕微或不明顯的症狀，到發燒、出疹的典型登革熱，或出現嗜睡、躁動不安、肝臟腫大等警示徵象，甚至可能導致嚴重出血或嚴重器官損傷的登革熱重症。

※ 資料來源：衛福部疾管署

✿ 沒有治療藥的病毒，生物戰劑的首選

而我個人為什麼研究登革熱病毒呢？是在三峽的預防醫學研究所工作期間開始的。我當時的工作是研發「生物戰劑」及其治療抗體，登革熱病毒、日本腦炎病毒就是適合的工具之一。

「生物戰劑」的危險等級，至少都要在三級以上。所謂的三級跟四級的差別，三級是沒有藥醫、沒有疫苗，四級是沒有疫苗而且是藉由空氣傳染。這些就是我們在選擇做生物戰劑的條件。

不管是腦炎、西尼羅熱、登革熱，都是由病媒蚊攜帶傳染的黃質病毒所造成的，而這些疾病屬於「沒有藥醫」的疾病，所以適合做為生物戰劑。另外，因為需要致病的媒介，病媒蚊在臺灣

都有，我們都有抵抗力，但敵人可能沒有，就會是我們的優點，敵人的弱點。

當時約是 1987 ～ 1988 年，在臺灣還沒有任何一個實驗室在做登革熱的時候，我們就開始了，所以我們是做最多也最早的。後來因為登革熱在高雄跟臺南流行，所以成大醫院開始做登革熱研究，陽明醫學院、長庚醫院也陸續開始進行相關的研究。但最大的差別在於地緣關係，北部很少有登革熱病人，絕大多數在南部，所以成大是後來發表最多相關研究成果的。

成大一開始需要的登革熱病毒，是我親自把登革熱病毒從三峽轉移給他們做研究。我們擁有登革熱及日本腦炎病毒，而且也製作了相應的單株抗體。

因為我當時是三峽預防醫學研究所第三組免疫組的組長，整個所裡正在進行實驗的病毒，相對應的解藥——抗體或疫苗，也就是「免疫」的部分，就是我們免疫組的責任。大原則是，當你要發展一個生物武器的同時，要保護自己，所以要同時製作疫苗或抗體。因此，我們幾乎做每一個病毒的實驗及研究，都會同步製作出它的單株抗體。單株抗體，可以做為診斷是否被病毒感染的工具；如果是可以「中和」病毒的單株抗體，可以做為治療藥物。

都是蚊子惹的禍

日本腦炎跟登革熱都是透過蚊子傳染，也都是埃及斑蚊，唯一的差別是，日本腦炎，中間會有豬做為媒介，蚊子除了叮咬人類，也叮咬豬，豬也會因此生病。登革熱，則是病毒只感染人，不會在豬身上感染。

日本腦炎病毒是造成腦炎，登革熱病毒的症狀主要是發燒，盛行期是每一年蚊子容易出沒的季節。也是研究登革熱和日本腦炎病毒，我才知道「蚊子是會過冬的」，病毒還是藏在蚊子身上，但蚊子到隔年天氣變熱時才會出現，所以冬季時這類疾病就很少見。

一般的家蚊是灰灰黑黑的，而傳染登革熱的「斑蚊」，就是取名自它腳的白色斑紋。在臺灣，濁水溪以南是埃及斑蚊，在濁水溪以北的是白線斑蚊。

登革熱、日本腦炎、西尼羅病毒，傳染給人的媒介都是斑蚊，但是一般來說，埃及斑蚊的傳染力比較強。這點跟蚊子的特性有關係，因為埃及斑蚊很神經質，有一點風吹草動地就害怕、飛走，但會再找下一個人叮咬，所以短時間內可能一下子就叮了好幾個人，傳染力比較大。白線斑蚊相對來說警覺性較差，「沒那麼神經質」。家蚊是最笨的，吸到血就好高興，沒吃飽前不會走，所以常常被一拍打死。一般人打到的蚊子都是家蚊。

因為研究黃質病毒家族，我們對於病媒蚊的習性也有一定的掌握。以飛行的路線來說，家蚊飛的路線比較穩定；斑蚊的飛行路線，當它在飛的時候你很難看到。出沒的時間點，家蚊通常是晚上出來，斑蚊是白天也會出來，尤其是黃昏、黎明這兩段天候變化的時間比較會出來，反而不是晚上。

中斷式吸血：
埃及斑蚊容易被驚嚇而離開吸血對象，轉到下一個，所以比起白線斑蚊，埃及斑蚊更容易吸食多名宿主而導致疾病快速傳播。

斑蚊，常在戶外，或一些低矮的灌木叢林裡出沒，所以被叮咬而生病的人通常不是在家裡睡覺被咬，經常是早上太陽還沒出來時去澆花、或到公園做運動，或是傍晚，在田裡面工作的。其實臺北也曾爆發過登革熱，就是起早到山邊公園做運動的人。

地形阻隔，黃質病毒家族各有所據

登革熱跟日本腦炎病毒都是屬於「黃質病毒」。黃質病毒家族裡面最有名的就是以前的我們知道的「黃熱病」，會導致黃疸，肝臟功能受損。

東南亞地區，有日本腦炎、有登革熱，但從來不會有黃熱病，應該是地形阻隔了蚊蟲的遷徙。不過，歷史告訴我們，當美國販賣黑奴時，黃熱病也跟著從非洲被帶到了美洲，曾發生許多印地安人罹患黃熱病而死亡的事件。奇怪的是，為什麼黃熱病一直沒辦法到東南亞？

像黃質病毒裡的西尼羅病毒（West Nile Virus），就從非洲、中東到了美國，導致當地的西尼羅熱病。

黃質病毒

黃質病毒家族的形狀，是二十面體，但是不會像冠狀病毒一樣有像皇冠一樣的棘蛋白。黃質病毒的大小約 50nm（奈米），屬於病毒界中顆粒較小的，但也不是最小的。

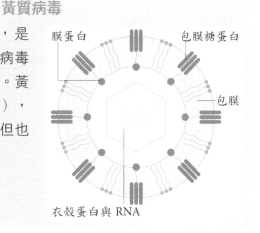

膜蛋白　包膜糖蛋白　包膜　衣殼蛋白與 RNA

1990 年代，原本只會在西尼羅河的病毒，據說就是蚊子「坐飛機」，飛機把帶有西尼羅病毒的蚊子運送美國去，畢竟蚊子不可能自己從中東飛到美國去。另外的說法，是透過鳥類或其他的宿主，例如跟著遷移的鳥，而把西尼羅病毒從非洲帶到美國。

2021 年 9 月的新聞就報導，美國有 29 個州出現了西尼羅病毒的感染案例，且造成九人死亡。西尼羅病毒也是可能導致腦炎或腦膜炎等嚴重的病症。

✤ 製備單株抗體，不怕病毒侵擾

在國防醫學院預防醫學研究所那幾年，我們發表了許多日本腦炎病毒及登革熱病毒的論文，用醫學期刊檢索都可以確認，我們是全世界發表這個主題的論文數最多的團隊。

也因為要研究一些人畜共通的疾病，我甚至跟著研究隊伍全臺灣跑透透，連綠島、蘭嶼也都去，除了蚊子，也四處抓老鼠，因為要看老鼠身上帶著些什麼樣的病毒或細菌。我們發現老鼠身上常有跳蚤，耳朵裡面也有恙蟲。所以我們後來也做恙蟲的研究，後來到慈濟，東部地區恙蟲很多，也進行了很多相關的研究。

為什麼抓老鼠？因為老鼠會傳染鼠疫，老鼠的尿、糞裡面有漢他病毒。所以當我在慈濟醫院急診工作時，疑似漢他病毒感染的案例，也能很快得到證明。

✤ 花蓮遇到唯二的登革熱案例

來花蓮之後，我的病毒研究重點就不放在登革熱上了。第一個原因，當然是花蓮沒有登革熱。在急診工作

以來，我只有碰到一個登革熱病人。

這個病人來掛急診，從高雄來到花蓮，在花蓮發病，而且那時高雄正在流行登革熱，所以稍微問一問，就診斷出來了。他在我們急診接受症狀緩解的治療，退燒後就回家了。我提醒他要掛蚊帳，不要再被蚊子咬了，又傳染給別人。

因為病人沒有重症現象，如果他發生休克或是出血性登革熱，當然就會收治住院。但他是輕症，不需要留在醫院浪費醫療資源。

我認識的第二位罹患登革熱的病人，正是我們急診室賴佩芳主任。她去高雄開急救醫療的會議，被蚊子叮咬，回來就確診了。登革熱在中醫叫「斷骨熱」，意思就是骨頭斷掉的那種痛！賴佩芳主任說她全身都痛，骨頭痛，那種感覺比流感更不舒服。不過她也沒有住院治療，畢竟是急診醫師，知道症狀怎麼處理，回家休息就對了。

登革熱疫苗難度高，中和藥物可能性

登革熱有四種血清分型，這也是為什麼登革熱沒有辦法有疫苗。這四型登革熱各有各的單株抗體，但就像新冠肺炎疫苗一樣，這一種疫苗可能對 Alpha 變種病毒有效用，對 Delta 就不行了。

第二型登革熱是全世界最主流的類型，如果病人得了第二型登革熱，身體產生了第二型的抗體，他之後還是可能得到第一、三或四型的登革熱，因為第二型抗體不能夠「中和」其他類似病毒，出現抗體依賴增強作用（ADE, antibody dependent enhancement），甚至反而可能把病毒引入體內。因為黃質病毒感染的細胞，就是人體

135

的吞噬細胞，一旦有登革熱病毒抗體結合在上面，反而吞噬細胞又去把它吞掉，剛好就是它的宿主細胞，所以愈吞感染愈嚴重。

也就是說，當病人第一次得了第二型，之後萬一得了第一、三、四型，病情會更嚴重，會演變成出血性登革熱；因為這時候吞噬細胞把病毒吞下去以後，這個吞噬細胞會釋放出很多的所謂的細胞激素，產生細胞激素的風暴。這個「細胞激素風暴」通常造成兩個很嚴重的後果，一是休克，一是出血熱。

所以我才會說登革熱的疫苗很難做。除非把一二三四型的抗體通通都放進同一個疫苗裡，才能奏效。如果只有針對其中一型的登革熱疫苗，施打了也沒有效果，因為下次萬一流行其他類型的登革熱，有打疫苗的人被感染了反而會造成更嚴重的症狀。

我們實驗室目前具有單株抗體可以同時中和病毒，甚至其他黃質病毒，如果要發展成藥物，應該都可以，也就是一種可以對各種黃質病毒感染的單株抗體治療藥物。因為黃質病毒的 E 抗原不像冠狀病毒有高變異性。

雖然埃及斑蚊只出現在濁水溪以北的區域，但現今地球暖化，說不定過幾年全島都會有埃及斑蚊，所以大家還是要小心，未來的登革熱不會只在臺南和高雄發生。

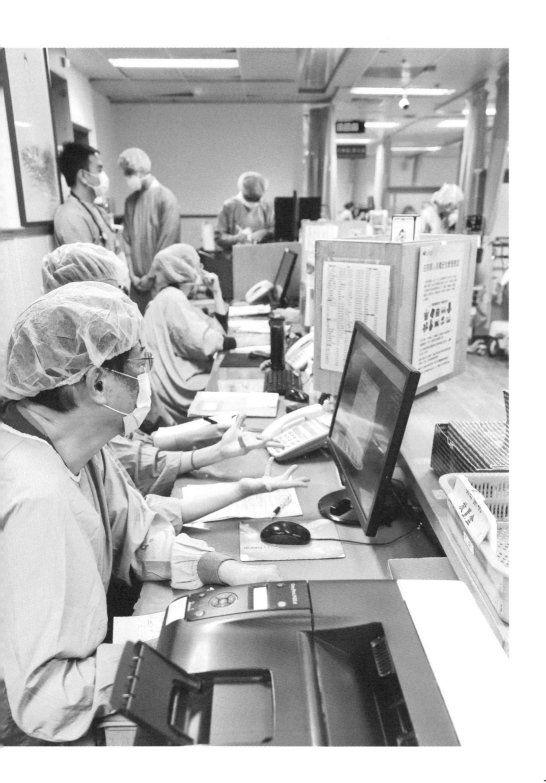

【卷5】
從急診觸發的研究

最適合研究病毒的臨床科別，除了感染科之外，能在第一時間就立即接觸到病人的，就是無所不包的急診。為此，披上短白袍，我從急診住院醫師開始從頭學起，而病毒果真沒有辜負我的一片苦心，一一來急診報到……

10 恙蟲病──都怪立克次體？

「花東有三寶，恙蟲、鎖鏈蛇、肺結核。」為何說是「三寶」？因為這三種病是花東地區比較多的，我在急診時常遇見。肺結核的傳染性很強，需要在 P3 實驗等級做檢驗及診斷，在 2003 年以前我們還沒有這樣的實驗室配備，不適合。所以我選定恙蟲病和鎖鏈蛇毒來研究，在急診醫師生涯中，這兩種疾病最有戲劇化的轉變及成就感。

❖ 花東特色疾病　夏季是恙蟲病流行高峰

2021 年新冠肺炎疫情延燒全球，在國外疫情持續、臺灣疫情趨緩的期間，民眾不能出國旅行，就選擇到離島或我們花東地區來體驗「偽出國」。夏季暑期或是清明掃墓時節，是恙蟲病的流行高峰，疾管署或地方衛生單位就會發新聞提醒民眾留意。

通常在被具傳染性恙蟲叮咬的部位會形成焦痂，潛伏期通常為 9～12 天，如果出現持續高燒、頭痛、出汗、眼睛結膜充血、淋巴腺發炎腫大，要盡快就醫。恙蟲病發病的症狀，是發燒約一星期後，軀幹會出現暗紅色丘疹，擴散至四肢，數天後才會消失。就要盡速就醫。因為在草叢或森林野地，可能被恙蟲咬，如果沒有妥善治療，恙蟲病的致死率可高達 60%，經過正確治療通常都能夠恢復健康。

病原體不是病毒是細菌──立克次體

恙蟲病，又名叢林斑疹傷寒（Scrub Typhus），病原體是立克次體──一種寄生在恙蟲身上的細菌。全世界有一個恙蟲病好發的三角地帶，北邊是日本韓國、西至中東、南到澳洲北邊，臺灣正位處三角地帶之內，而花東或離島這些比較天然的地區，就是恙蟲出沒的所在。

我在西部沒什麼機會遇到恙蟲病，來到花蓮，這麼多病人因為恙蟲而生命受到威脅，讓我想要去看清楚，我最喜歡化問題為資源、化危機為轉機。沒有病人就無法做研究，花東地區既然有恙蟲病的病人，就是最佳的研究環境。

立克次體

美國病理學家霍華德・泰勒・立克次（Howard Taylor Ricketts，1871.02.09~1910.05.03）在芝加哥大學工作期間發現了落磯山斑點熱和鼠型斑疹傷寒的病原體（立克次體）和鼠蚤傳播方式，他最後自己死於斑疹傷寒，而他所發現的病原體依他的姓氏取名為「立克次體」。

立克次體有細胞形態，同時有 DNA 和 RNA 兩種核酸，但沒有核仁及核膜，大小介於細菌和病毒之間，但小於絕大多數細菌。研究推測「粒線體」的祖先可能是由立克次體演化而來。

「立克次體」，是一種必須寄生在宿主身上才能存活的細菌（稱「絕對寄生」），恙蟲病立克次體靠著恙蟲來散播。母恙蟲吸了動物的血開始產卵，卵在泥土裡孵化，孵出成幼蟲（或稱「恙蟎」）後，從泥土裡鑽出來，順著樹幹爬到樹葉的尖端，躍到宿主身上。

141

立克次體本身並非設計來感染人類，研究觀察發現，立克次體的宿主是囓齒類動物，牠們較常穿梭於矮樹叢間，也是「叢林」斑疹傷寒得名的由來，當囓齒類動物經過樹葉的尖端，就讓恙蟲有機會找到宿主，一般來說，恙蟲會爬到囓齒類動物的耳朵。會得恙蟲病的人，第一類應該是農夫或以森林荒野為工作場域的人，第二類主要是到野外踏青的遊客。

我覺得，對於恙蟲，爬到人身上是一個可怕的錯誤。因為在人類身上，正常情況下是不利於恙蟲的種族繁衍，而且對人和恙蟲是一個雙輸的局面；因為恙蟲一旦跳上人的皮膚，洗澡時被沖走、拍掉，幼蟲無法順利長大，恙蟲走向死亡，人類則因此生了一場大病。

而寄住在恙蟲體內的立克次體，究竟是如何讓人類生病的呢？其實，立克次體並非存在恙蟲的口器，而是住在恙蟲的腸胃道裡，皮膚被咬之後造成傷口，恙蟲在傷口附近排泄，排泄物裡帶有立克次體，人類覺得搔癢一抓，就將病原菌帶進了傷口裡面，立克次體繁殖、散播，人類開始發燒。

曾有一位男性病人因生殖器有潰瘍傷口，而被誤會他性生活不檢點，後來確認是恙蟲咬傷造成潰瘍，才還他清白。原來他的工作是採收金針花，在草叢堆裡不小心被恙蟲咬了。

立克次體引起的發燒，起初都會被視為普通感冒，吃了退燒藥，不見起色，接著開出抗生素，仍是抑制不住病情，通常送到大醫院的急診，已經燒了一到兩個星期。所以我會說恙蟲病是一種很戲劇效果的疾病，一旦確診，正確用藥，只是一種常見的抗

生素，24 小時就能看到退燒、病情減緩的效果。如果沒有正確診斷，治療方向錯誤，後果就很嚴重，才會有高達六成的死亡率。

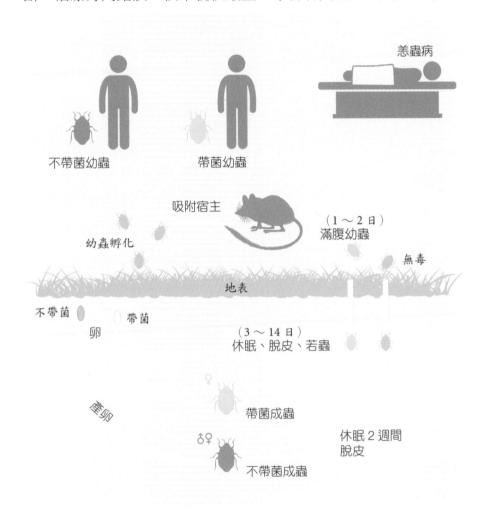

成立「立克次體合約實驗室」

我從 1997 年來到花蓮接受為期三年的急診住院醫師訓練的同時，協助醫院設立病毒實驗室，2000 年時正式成立，後來醫院也順利升格為醫學中心。

我們建置了病毒室要研究、要實驗、要培養病毒，就要先開始養細胞，才能用細胞繁殖病毒。養細胞是個勞力密集的工作，說白了，我們病毒室是個不賺錢，甚至是會賠錢的單位，但也感謝疾管署及衛福部的計畫經費，讓我們成為合約實驗室，沒有花醫院太多錢。當我們建立好了培養細胞的系統後，除了培養病毒，繁殖立克次體也可利用相同的平臺，可以產生事半功倍的效果。

恙蟲病是東部特有的流行病，花東地區每年確診超過百人，恙蟲叮咬後，立克次體在人體會造成急性器官衰竭，數日內危及生命。所以我們也在病毒室成立不久後建立「立克次體合約實驗室」，希望花東民眾不要因為立克次體恙蟲病而失去生命。

❖ 全球基因銀行登記　臺灣本土的立克次體

合約實驗室成立不久，我們成功地分離培養出在花東地區引起恙蟲病的立克次體新種。

培養立克次體並找到新種，是當年我們實驗室通過的一大考驗，也算一大突破。因為立克次體非常難培養，一般細菌只要放在洋菜裝的培養皿中，給予適當環境就可以培養出來，但是立克次體卻需要在活的細胞內培養，也就是將細菌放在很小很小的細胞裡，才長得出來。

雖然立克次體是細菌的一種，但不是像一般細菌會在洋菜上長一大堆的菌落，它在細胞裡面長，而且速度相當慢，培養立克次體最大的困難就是非常耗時，需要兩到四星期的時間養成，甚至有的時候長得比細胞還要慢。到目前為止，在臺灣除了疾管署有能力培養立克次體，就只剩下我們的病毒室了。

不同於澎湖、大陸或日本，我們新發現的立克次體 DNA 核酸定序，與基因銀行原有的六大類立克次體截然不同，我們就把這一隻臺灣獨一無二的立克次體的核酸定序送到全球基因銀行登記，註冊號碼 AF516948，只要進基因銀行一查，就會跳出這臺灣本土第一株的立克次體。我們的研究證實這一株立克次體應是在遠古時代就演化分支出來了，它血緣最近的親屬存在中南半島、西非、東北亞洲。

只有一半人找得到焦痂　建立快又準的篩檢診斷

搶救生命是刻不容緩的，要診斷是否為恙蟲病，先尋找「焦痂」，但全世界的教科書裡寫的都一樣，實際案例也是，能看到焦痂的機率大約百分之五十，只有一半。

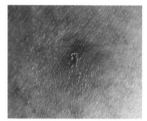

所以，我要解決的就是如何診斷正確，確認是立克次體來搗蛋，就能夠讓恙蟲病的病人戲劇化的快速治癒。

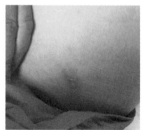

病毒實驗室是臨床醫師的後盾，尤其是特殊病菌的感染，我們如果能夠在最短時間找出致病因子，就可對症治療。如果把檢體送到中央衛生單位，等到報告結果出爐的時間，病人的生命可能已經從指縫間消逝了。我們的要求是，只要檢體一送來實驗室，在最短時間內完成報告，交給臨床醫師，就能正確治療。

要確定是否為恙蟲病感染，我們有三

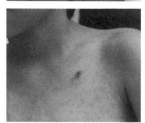

恙蟲叮咬後的焦痂。

種診斷立克次體的方式，第一，從體液中分離立克次體並迅速培養：屬於微生物學的診斷方式，但相對耗時，需要約三星期；第二，利用血清學來診斷：抽血檢查病人對立克次體的抗體數量是否升高，只需數小時就能得出結果，但這種方法因有空窗期，可能造成偽陰性的結果。第三種，用 PCR（聚合酶連鎖反應／核酸檢測），分子生物基因的診斷，檢驗病人的血液是否有立克次體的 DNA 序列，時間縮短到約四小時。

PCR 結果的偽陽性高，實驗步驟要很嚴謹，檢測結果才能準確無誤。我們也要測試患者的血清抗體，我要求較耗時的血清學實驗報告也要在兩天完成。

建立花東地區恙蟲病的流行病學

從立克次體合約實驗室成立後約五年的時間，我們把收集培養出的立克次體都進行核酸定序，並加以分類，追蹤病人到底是在那個區域得到哪種立克次體，我們收集到五百多個樣本。定序了一百多種立克次體，將花東地區恙蟲病的流行病學建立起來。

立克次體的篩檢診斷也建立完整快速的標準流程。但其實我們醫院的急診在救治方面已經累積豐富的經驗，不用等檢驗報告就大概能推估病人是不是恙蟲病了。

基因相同的立克次體與粒線體，走向相反的命運

合約實驗室到期結束，恙蟲病的研究已經告一段落，未來再做的研究要等機緣了。而對於絕對寄生的立克次體，它的基因被定序出來之後，發現和很多細菌都不一樣，因為立克次體寄生在

細胞內久了，像胞內的粒線體一樣，把身為細菌該有的基因都丟掉了，所以我會好奇的猜想，立克次體在進到細胞寄生之前是什麼樣的細菌？目前我知道所有的基因序列裡面，粒線體和立克次體最接近，兩者之間有點像基因相同的雙胞胎。

試想，30 億年前，專門吃細菌的阿米巴變形蟲吃了粒線體的祖先細菌，沒有把它們消化，反而彼此互利共生，長久的演化變成了現在的粒線體，除了解決氧化的問題，並且提供細胞能量。立克次體的祖先則是相反，它們建立了一個對自己有利、但對宿主細胞有害無益的感染模式，隨著時間久了，身為細菌的很多基因也丟失了，成為現在必須要寄人籬下、像乞丐一樣人見人怕的立克次體。

我常舉一個例子，就是馬克吐溫《乞丐王子》的故事，住在宮殿裡的王子就是粒線體，流落在貧民窟的乞丐就是立克次體，這一對雙胞胎有著不同的命運。或許可以把乞丐送進皇宮裡來，重新建立一個乞丐變王子的現場。還原 30 億年前的現場，來找當年吞噬的阿米巴，讓立克次體與粒線體的角色互換……。

粒線體是細胞內的「發電廠」

負責將人體攝取的營養物質（醣類、脂質和蛋白質）轉化為能量供細胞使用。

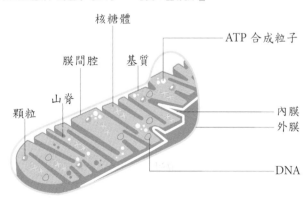

核糖體　膜間腔　基質　顆粒　山脊　ATP 合成粒子　內膜　外膜　DNA

11 要解鎖鏈蛇毒，先成為養蛇人

> 我來到花蓮慈濟醫院接受急診的住院醫師訓練時，就遇到被毒蛇咬的病人來掛急診，那時我想，東部地區真的因為山地多、農地多，所以毒蛇很多啊，特別是鎖鏈蛇很多。我在住院醫師的第二、三年，也就是 1998、1999 年，各遇到一位被「鎖鏈蛇」咬傷的人。

這兩個病人我都記得很清楚，其中一位阿伯七十多歲，被蛇咬傷腳後跟來急診，我們把臺灣六大毒蛇的圖譜給他看，請他告訴我們是哪一種，他很篤定自己是被雨傘節咬的。但我還是開了抽血單，為阿伯抽血進行凝血檢查。因為不腫不麻的症狀使我高度懷疑他是被雨傘節咬的。

嚴重凝血異常的結果確定是鎖鏈蛇毒，但當時我們醫院沒有鎖鏈蛇毒血清，只能把他轉送臺北榮總毒物中心。不幸的是，阿伯後來往生了。連續第二位遇到被鎖鏈蛇咬的病人也必須轉送臺北榮總醫治，但仍因多重併發症後宣告不治，我感觸太深了，鎖鏈蛇在花東地區，我們在此應該自己努力解決問題。

所以我們先想辦法取得鎖鏈蛇毒血清在花東備存，為病人爭取救命的時間，訓練急診醫護關於鎖鏈蛇毒的治療標準流程，我也開始著手投入鎖鏈蛇毒的研究。

臨床上最難治的一種蛇毒

鎖鏈蛇主要分布於花東、屏東低海拔地區，棲息於寬闊而平坦的礫石草地。會稱為「鎖鏈蛇」，就是這種蛇的蛇皮紋路像鎖鏈一環扣一環，臺灣民間也叫它「七步紅」，指它毒性很強，被咬後七步就會死亡。

蛇專家指出，只要不要侵入鎖鏈蛇的地盤，其實很平安。因為發現地盤被侵入，它會發出嘶聲警告。

三角頭粗短身型、淡灰色體背有三縱列交錯的暗色橢圓紋，被鎖鏈蛇咬傷時，不太痛，也不怎麼紅腫，容易讓人誤以為狀況還好，但其鎖鏈蛇的毒性極強，也是臨床上最難治療的一種蛇毒，因為它是神經性和出血性兩種毒的混合體。

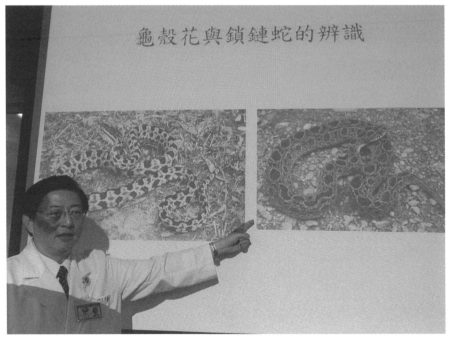

陳立光教授教導辨認鎖鏈蛇與龜殼花的差別。

臺灣蛇毒分類

依毒蛇的傷害機制，大致分為三種

1 出血性蛇毒

龜殼花、青竹絲、百步蛇（毒性最強）。

2 神經性蛇毒

雨傘節、眼鏡蛇混合性（出血性＋神經性）。

3 蛇毒

鎖鏈蛇。

※ 資料來源：衛福部

為東部爭取抗鎖鏈蛇蛇毒血清

東部原本沒有鎖鏈蛇毒血清，原因是還沒有通過藥品許可證。我住院醫師第三年，1999 年時，正好臺中榮總開始進行臨床試驗，因為需蒐集一定數量的試驗數據，證明血清是安全的，才能取得藥品許可證，由於仍屬專案使用，必須在臨床試驗醫院才能使用。所以當我們連續兩年的兩起事件發生後，疾管署委託花蓮慈濟醫院作為東部的窗口，由我進行臨床試驗，蒐集注射血清的前後數據。

▲ 鎖鏈蛇毒血清。

終於在 2005 年鎖鏈蛇毒血清取得藥證，也得以重新擴充血清配置地點，讓被咬傷民眾不需再遠赴外縣市尋求血清，可就近得到救治。

一般認為治療毒蛇咬傷最好的方法，就是迅速施打正確的抗蛇毒血清。疾管署統計每年被毒蛇咬傷的超過一千人，健保資料顯示使用抗龜殼花及赤尾鮐蛇毒血清的人數最多，平均每年為998 人，抗鎖鏈蛇毒血清使用人數每年約 3 人。

鎖鏈蛇雖然同時有神經毒及出血性毒，但鎖鏈蛇的神經毒很弱，如果咬的對象是小動物，如：老鼠，神經毒一下發作到全身，老鼠立刻昏死過去，蛇一口就把它吃了。

如果咬的對象大如人類，鎖鏈蛇的神經毒幾乎沒有什麼症狀顯現出來。但非常可怕的地方是血液毒跑進傷患的血液裡，造成出血不止。

分辨神經毒或出血毒，應對救治

臨床上，如果無法判定病人被哪一種毒蛇咬傷，可先觀察病人是否有「神經毒」的現象，例如：肌肉無力、麻木感，一旦有，推測是眼鏡蛇或雨傘節咬傷。

出血性蛇毒的毒液，在人類身上則以流血不止症狀較明顯，則有可能——龜殼花、青竹絲、鎖鍊蛇及百步蛇，龜殼花是臺灣最常見的四種出血性蛇毒，被咬後腫痛明顯，鎖鏈蛇及青竹絲咬傷的症狀判斷上較模糊，腫痛都不嚴重，但因兩種蛇類的棲息環境不同，青竹絲通常是在樹上，因此可依病人被咬傷的部位來研判，百步蛇咬傷的患處則會起血泡，並出現皮膚潰爛情況。

最理想的情況，還是病人能把毒蛇帶來急診室，以圖譜辨認，才能以正確的血清做治療，搶救生命。

開始養蛇，親手取蛇毒

在病人身上看到實際的救治成效，我想將目標放得更高，因為當時的蛇毒血清都要由馬的身上取得，我想找到更「友善」的方式來取得蛇毒血清。

要改善蛇毒血清，第一步還是得先從抓蛇、採蛇毒開始。

問題是蛇毒如何收集？就算順利抓到蛇，之後的「採毒」也要冒著大風險；因為蛇是要被激怒才會噴毒液，我不能用打麻醉藥讓它睡著，這樣抽取不到蛇毒，而是要在蛇「清醒」的狀態下採毒。從找蛇、抓蛇、採毒，每一個過程都冒著高風險，就算想要幫工作人員保險，也沒有保險公司願意收下這張保單！

既然由我們機構內飼養這條路不通，只好另尋他途。因為鎖鏈蛇是保育類動物，不能隨便飼養，我先申請研究計畫，在 2003 年底將公文送交農委會，被核准的但書是取蛇毒後須送回捕捉處野放，2004 年獲核准許可飼養。

▲ 捉住毒蛇頭部採集毒液。

該請誰來養蛇？養在哪裡？我一邊四處詢問，請大家轉介隱藏在鄉野間的馴蛇高手。

❖ 高手隱藏在鄉間，自己捲袖學採毒

起初我聽說兆豐農場附近的西林部落有一位原住民婦女很會抓蛇，是要辦入山證才能到的地方，當時以為她捕有鎖鏈蛇，過去看才發現是很大條的百步蛇。

後來找到一位開刀房護佐阿姨的先生，他在木瓜溪的河床上有一間小木屋，答應讓我寄養鎖鏈蛇。我怎麼會有鎖鏈蛇呢？因為民眾發現蛇就會打電話向消防隊求救，消防隊聽說慈濟急診有個醫師在養蛇，抓到了鎖鏈蛇就會送來給我。也就是 2004 年的時候，我記得是從 7 月份開始養鎖鏈蛇。

養了蛇之後，下一步就要採蛇毒。我拜託護佐阿姨的先生幫忙，他說：「蛇我不怕，但是叫我採毒，我不會」。

原來採蛇毒又是另一項專業！說的也是，畢竟誰會沒事去激怒蛇，尤其還要它噴毒液？那我只好自己來。

我先自學，看 Discovery 頻道的影片了解採蛇毒的理論及程序，接著找到疾管局裡專門採蛇毒的老師傅，在他們的指導下實際操作。我見到這位老師傅，真的是滿心的敬佩，他是被蛇咬過的，手指上有截肢過又縫合的疤痕，雙手十隻手指頭只剩下七隻。他們冒著生命危險採蛇毒，是為了製造抗毒血清來救治所有可能被蛇咬傷的生命。而透過實際採毒的體驗，我也了解到一件事實──要採到足夠的蛇毒來產製血清，供給上應該緩不濟急。

在木瓜溪附近養的蛇，原本只有一、兩條，後來多到十幾條，小木屋要裝不下了，正在發愁，該找個新地方了。不久接到消防隊員通報在臺東池上有一處鐵工廠抓到鎖鏈蛇，讓我去取蛇。

陳立光為了做抗蛇毒血清實驗，親自學會抓蛇、採集毒液。

我專程去一趟臺東取蛇，我發覺那個工廠的環境很空曠，附近居住人口不多，很適合做為飼養的地點，而且關鍵是工廠的員工曾經被鎖鏈蛇咬，而且大難不死，反而成為很有經驗的捉蛇人。獲得他們的首肯後，從 2005 年 2 月開始我就把木瓜溪的蛇移過去飼養，直到 2012 年結束。而且，這位員工很有心，我教會他採蛇毒的方法之後，就可以全權委託給他，不用自己兩邊奔波了。

也是從 2004 年到 2012 年，我們完成了抗鎖鏈蛇毒血清的研究工作。

❖ 阿斯匹靈　避免瀰漫性血管內凝血栓塞

我們在 2008 年也研發出新的治療策略，成功發現阿斯匹靈（Aspirin）可以當作被毒蛇咬傷的救急之用。

自從 1999 年（或 2000 年）東部有了抗鎖鏈蛇毒血清之後，病人能得到及時的救治，誰知 2006 年 7 月卻出現一起施打血清卻仍因併發症而往生的案例。

這是一名居住花蓮南部鄉下、七十多歲的老先生，他被鎖鏈蛇咬傷左手掌，延遲 24 小時後才送來急診，在進行抗毒血清注射後兩天，併發了瀰漫性血管內凝血栓塞、腎衰竭、橫紋肌溶解症、腦部點狀出血、休克等症狀，最後仍然不治，所以我們開始著手研究。

因為我查了所有的文獻，出血性蛇毒的治療焦點幾乎都放在避免大出血的情況，但文獻紀錄中卻沒有出血性蛇毒傷者因為大出血往生，反而是多重併發症、器官衰竭、腦栓塞等，所以我研判是「瀰漫性血管內凝血」造成血管栓塞致命的。

青竹絲及龜殼花的蛇毒會抑制凝血，出血不止，鎖鏈蛇毒的出血性毒則是會啟動凝血機制，活化凝血因子及血小板，造成血管內大量凝血，形成很多小小的微血栓，把血管塞住，造成腦部中風及腎衰竭，同時也因為耗盡了大量的凝血因子，導致凝血障礙，然後再出血不止。

那時我和當時急診部的主任、我的學長胡勝川教授，及吳仁傑醫師等人合作研究，決心要解開這個謎。

在急診，如果發現病人出現心肌梗塞或腦中風這類血管栓塞的情形，我們第一時間的處置就是給予抗凝血藥劑阿斯匹靈。阿斯匹靈不是新藥，便宜又容易取得，我們決定試試看。動物實驗結果，確定顯著改善併發症。

在我們進行動物實驗期間，急診前後收治了三位被出血性毒蛇咬傷的病人。

前面兩位是被百步蛇咬傷，第三位是被鎖鏈蛇咬傷；我們在注射抗蛇毒血清之外，也以抑制血小板的阿斯匹靈治療，結果很快就痊癒了。前面兩位是因為蛇毒導致的大出血讓他們的傷口出現血泡潰爛，必須進行植皮手術，才分別延至住院 27 天、49 天出院。

這第三位是被鎖鏈蛇咬傷的玉妹，她早上在臺東被蛇咬，到署立臺東醫院注射抗蛇毒血清，晚間順利轉到我們急診。抽血檢查發現她的血液凝固蛋白已耗盡，低於 0.5mg/cc（正常值 1.8mg/cc），出現血栓的現象，就趕緊用抑制血小板藥物阿斯匹靈進行治療，血管被栓塞的部位逐漸從缺氧態復原，她只住院 6 天就痊癒出院，而且沒有任何血栓及腎衰竭等等併發症發生。

這次的研究成果，不是去開發昂貴的專利新藥，而是研究出可以隨身攜帶、一般藥房就買得到、最便宜的阿斯匹靈做初步的蛇毒急救，可延緩「瀰漫性血管內凝血栓塞」的發生，也延長了趕赴醫院注射血清的黃金時間。

過去被蛇咬傷的標準治療流程，都是施打抗蛇毒血清，但有些人對蛇毒血清過敏，有些人則不清楚被咬的毒蛇種類。我們這次的研究成果，了解阿斯匹靈這樣的抑制血小板藥物，可以在缺乏抗蛇毒血清時用來救急，或是運用在治療對抗蛇毒血清過敏的傷患，最重要的，可以預防因鎖鏈蛇毒引起的「瀰散性血管內凝血」栓塞血管。

我也建議一般民眾，如果到野外，除了要「打草驚蛇」，記得隨身攜帶阿斯匹靈，以備不時之需。萬一被出血性毒蛇咬到，趕快口服阿斯匹靈，可在就醫過程減少發生瀰漫性血管內凝血的傷害。

❖ 血清馬的犧牲　成本高昂的抗蛇毒血清

一直以來，取得蛇毒血清的方式，都是先蒐集蛇毒，施打在馬匹身上，然後抽出馬血再純化出抗毒血清。我想改善現行蛇毒血清製造方式，第一是馬可能會有人畜共通的疾病，有傳染給人的可能性；第二，馬的血清打到人身上會產生過敏反應；第三，馬匹需忍受蛇毒發作的歷程，包括皮膚化膿出血、潰瘍等不適，這是很不人道的；第四，製作成本高昂。

我們從新聞或媒體資料可知，臺北市最大一間毒蛇室養了約200 條臺灣常見的六大毒蛇，每年可產出約 4000 至 5000 瓶抗蛇毒血清，這需要大約 50 匹馬。每一年要至少 50 匹馬的痛苦犧

牲，來換取抗蛇毒血清的製備。

臺灣平均一年的抗蛇毒血清用量超過三千瓶，被毒蛇咬傷平均要用到至少兩瓶，通常是四瓶，2019 年 7 月疾管署宣告調漲抗毒蛇血清的價格，其中抗鎖鏈蛇毒血清從一劑 7900 元調升至超過 2 萬 5 千元，其餘的三種蛇毒血清也一併調漲到同樣的價格。

被鎖鏈蛇咬傷，需使用 2 ～ 4 瓶血清解毒，約需花費五萬到十萬的費用。目前全臺灣各醫院存放的蛇毒血清，都是向疾管署採購，施打後才能向健保署申請給付。

血清之所以昂貴，是因為血清無法進口，必須進口符合臨床製藥規格的馬匹，在臺灣自行生產製作血清。進口一匹血清馬的價格所費不貲，甚至比一臺汽車還貴，而且要有馬場來飼養，也是不少成本。

每匹馬對蛇毒的敏感性不同，需要的馬匹數量多，但因有效期的限制，也不能生產過多，無法以量制價，因此血清的醫療成本很高。也曾經發生過有病人不曉得被哪種毒蛇咬，只好四種蛇毒血清都注射。這樣的花費由健保支出，全民買單，是一筆很可觀的醫療成本。

研發待產的解毒單株抗體

相較於製作蛇毒血清的成本昂貴，單株抗體能大大減低傳統產製蛇毒血清的成本，未來也不再需要進口馬匹、不需要冒險採毒，可以生物技術的方式，在實驗室的培養皿上讓細菌幫忙製作抗蛇毒的抗體。

我們病毒實驗室投入研製蛇毒的單株抗體的研究，實驗室冰箱內儲存的一管管珍貴的蛇毒，都是產出單株抗體的材料；先將蛇毒打進老鼠體內，老鼠脾臟細胞的 B 淋巴細胞可產生單株抗體，細胞都有一定壽命，所以將 B 淋巴細胞與腫瘤細胞融合，製作出長生不死的混合體──融合瘤，這個新產物就有兩種細胞的優點，第一可以產生中和蛇毒的血清，第二則是長生不死。

目前我們實驗的成果完成動物實驗，停留在融合瘤階段，也告一段落。因為接下來要繼續，就是人體試驗，必須取得 GMP 藥證。

只要不是從人身上取得的抗體，都需要「修飾」才能注射進入人體，避免嚴重的過敏反應。

馬匹與人類因物種較接近，其抗體可利用消化酵素切掉會產生過敏反應的部分，囓齒類的抗體則需要從源頭抑制過敏反應的產生，這一基因工程作法稱為「擬人化」（作法同「狂犬病的人鼠嵌合單株抗體」），將已經產出的單株抗體，從蛋白反推回 DNA（去氧核糖核酸），用基因工程的方式，把老鼠抗體上會產生過敏的部分基因換成人的基因，再由體外細胞培養生產大量單株抗體藥物。

用此技術我們已經完成相關的研發工作，但每年被蛇毒咬的人口沒那麼多，蛇毒血清的市場不大，對藥廠誘因不足，全世界都沒有抗蛇毒的單株抗體，目前仍以動物血清為主。

2008 年，我指導微生物及免疫學研究所研究生林怡君進行鎖鏈蛇毒研究，實驗證明小鼠的單株抗體效果比從馬身上取得的多株抗體效果來得更好。

單株抗體的好處，是可以用基因工程的方式做出產物，從此不用抓蛇，不需強迫馬隻製造血清，在實驗室就可以完成，讓細菌去做抗體。

動物實驗成功後，人鼠嵌合單株抗體也已完成研發工作，在申請研發專利中。接下來如果有合作藥廠夥伴，便可開始擬人化基因修改，降低過敏反應，然後產製抗蛇毒的單株抗體，就可降低成本、減低感染風險，也能讓蛇毒血清更普及，更容易取得。

能應用所學研究創新，加快搶救生命的效率，減少身體傷害，我認為才是醫師科學家的職涯底蘊。總是期待有慧眼識英雄的合作夥伴出現，橋接從研究到大量生產的利益眾生的機會。

蛇類咬傷，牢記「五要五不」

⭕ 五要	❌ 五不
1 要視為毒蛇咬傷處理。	1 不割開傷口，避免感染。
2 要記毒蛇外觀特徵。	2 不用嘴吸出毒液，避免感染。
3 要脫飾品，避免肢體腫脹。	3 不冰敷，避免組織壞死。
4 要包傷口上緣，減緩毒液擴散。	4 不飲酒或刺激性飲料，避免加速毒液作用。
5 要保持冷靜，並儘速就醫。	5 不延誤就醫，耽誤治療時機。

※ 資料來源：衛福部

12 分秒必爭搶救狂犬病
——尋找對治病毒之鑰

2018 年 7 月一則狂犬病疫苗缺貨的新聞,喚起我十多年前的記憶。

2002 年 6 月 29 日,一個尋常的夏日傍晚,我正在花蓮慈濟醫院急診值班,一位 48 歲的女性在妹妹的陪伴下走進診間。她們來之前已經到過別的醫院就診,得到的答案是中暑,讓她多喝水、回家多休息,只是過了幾天症狀還是沒有改善,所以從玉里來到花蓮慈濟醫院掛急診。

看診時,病人一邊說著她的就醫經過,一邊表達她人真的很不舒服,應該不是中暑,希望我趕快幫她治療,接著她自己問起:「我會不會是狂犬病」?原來兩個月前她人在湖南,被家裡才三個月大的小狗咬傷,當時覺得是自己家裡養的狗,不是野狗,應該很安全,所以沒有去看醫生,也沒有打狂犬病疫苗。

❖ 境外移入案例　恐水反應確診

病人的談吐舉止很正常,沒有狂犬病毒感染到腦部的意識混亂或感染中樞神經的肢體癱瘓現象。檢查病人的口腔時,發現她的口腔很乾燥,唾液非常黏稠。會不會就是這樣的口腔缺水的情形,讓前一個醫生認為她是中暑,請她多補充水分?

雖然病毒和免疫學知識都深印在我的腦海裡，但那時我才剛升上主治醫師沒幾年，還在累積急診的臨床經驗，從來沒有親眼見過狂犬病人，甚至狂犬病在臺灣已經絕跡很久了，難道我會是有幸得見的那個人？腦袋裡快速回想教科書上的狂犬病毒及疾病症狀，想起「恐水症」這個特有的現象。

於是我問病人：「妳口很乾，好像缺水，會口渴嗎」？接著我倒一杯水請她喝，病人的生理狀態顯示她是真的口渴。她拿起杯子準備要對著嘴喝的時候，頭卻突然一歪閃開杯子。

恐水症不是指病人怕水，這是因為狂犬病毒破壞了腦部吞嚥反射的神經，當病人要做出準備吞嚥的動作時，反而造成頸部的肌肉抽筋，本來要喝水的動作變成一個躲水的動作，導致看起來像是病人很怕水的模樣。

這下我就確定病人應該八九不離十，是狂犬病了。狂犬病在臺灣屬於第一類傳染病，發現疑似的案例，醫院必須在 24 小時內通報疾管署。我先進行院內通報，打電話給感染科的王立信副院長，告知疑似境外移入的狂犬病個案，他提醒我立刻進行隔離並通報疾管署。通報後不到 20 分鐘，我們就把病人送進隔離加護病房。隔天一早疾管署人員帶著狂犬病疫苗和抗毒血清來醫院幫病人施打，同時也採樣帶回去檢驗。

狂犬病

是人畜共通的濾過性病毒疾病。它是由 1889 年被尊稱為「微生物之父」的巴斯德，在追查狂犬病十多年後，製造出狂犬病疫苗的同時，發現狂犬病的病原物是一種小於細菌、可穿透過濾器的「過濾性的超微生物」。1898 年，荷蘭細菌學家貝葉林克，正式以拉丁文命名為 Virus（中文：病毒）。

病人在隔離加護病房的第一天，行為表現正常，二、三天後性情大亂，常常在病房罵人。可惜過了十天之後，病毒感染破壞了腦部的生命中樞，她還是不幸過世了。

雖然已經盡早為她施打疫苗和抗毒血清，相對於狂犬病的進程來說，還是太晚處置了，應該在狂犬病病毒尚未進入到腦部時以抗體中和，才有療效。致死主因正是狂犬病毒入侵腦部後導致腦神經亂放電，主管生理的延腦（生命中樞）壞死，心跳忽快忽慢、血壓忽高忽低，最後影響到呼吸，造成死亡。

疫苗及抗毒血清的差別

必須先區別免疫的兩種形式，主動及被動，人類施打「疫苗」讓人體自己產生「抗體」去中和病毒，這種方式為主動免疫；而注射含有外來抗體的「抗毒血清」馬上可直接中和病毒，則為被動免疫。

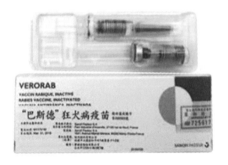

❖ 存在千年的病毒疾病 1961 年臺灣絕跡

狂犬病，原名「Rabies」（字根來自拉丁語：rabies，意為「瘋狂」）。狂犬病為全球疾病，但主要發生於非洲、亞洲、拉丁美洲及中東等地區。疾管署資料顯示，根據世界衛生組織估計：每年約有 5.5 萬死亡病例，亞洲約占 3.1 萬例，非洲約占 2.4 萬例，其中 30 ～ 50％是幼童。

狂犬病在歷史上是非常古老的疾病，西元前 23 世紀（2400年前），在巴比倫法典上頭就有出現，法典上規定，家裡的狗如果發瘋咬到別人，要如何負責賠償。西元前五百年，狂犬病的病徵漸漸被清晰的描述出來。狂犬病在歐洲流行時，當時的天主堂鑰匙都製作的很大把，神父便拿鑰匙擊退瘋狗，鑰匙演變成一種護身符的概念。

　　除了西方有記載，中國也有狂犬病的紀錄，最早是從漢墓出土無書名的竹簡上列有 52 種病名，提到「狂犬囓人」，還有戰國時期西元前五百多年的《左傳》也有描述到。

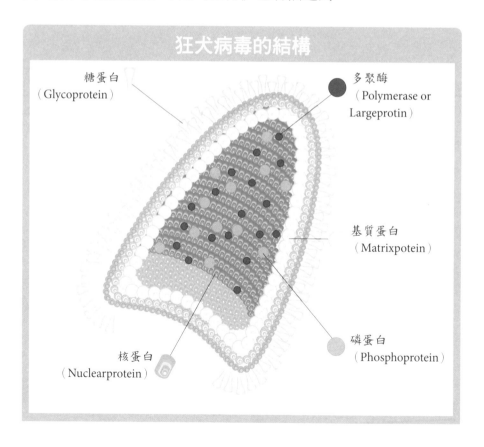

狂犬病毒的結構

糖蛋白
（Glycoprotein）

多聚酶
（Polymerase or Largeprotin）

基質蛋白
（Matrixpotein）

磷蛋白
（Phosphoprotein）

核蛋白
（Nuclearprotein）

狂犬病毒「很低調」、擴散的速度不快，最初，病毒會躲在帶原者的唾液腺內，染病動物咬傷健康動物或人類後，病毒會隨著唾液透過傷口進到肌肉，在肌肉裡面繁殖，順著神經逆向往上漫延，看咬到什麼地方，若是傷口距離腦部愈遠，發病就愈慢，病毒在進入腦部之前是沿著四肢神經往脊椎再到腦部。

狂犬病毒感染初期在周邊神經遊走時，不會大張旗鼓的破壞神經細胞引起發炎反應，等到蔓延至脊椎的背根神經節（Dorsal Root Ganglion，傳遞感官信息至脊髓和大腦的神經節）。這時病人被咬的肢體出現麻木感或有症狀出現時，注射疫苗阻止發病的時間就很有限了。

因為狂犬病毒一旦進入腦部，會沿著十二對顱神經將病毒擴散到整個頭頸部，病毒會出現在鼻子的分泌物、唾液、眼角膜及頭頸部的皮膚，並大肆攻擊腦部神經，接下來可能出現恐水症、暴力行為、不可控制的興奮感、部分肢體癱瘓、意識混亂。自染病到發病可能短則一到三個月，長則一年。一旦中樞神經感染症狀出現了，致死率可能就是百分之一百了。

臺灣狂犬病人出現最早的記錄是在日據時代（1913 年，大正 2 年）的臺灣總督府公文類纂第二十六卷，後經撲殺犬隻得到控制。1947 年狂犬病又從上海蔓延到臺灣，導致 1951 至 1952 年大爆發，每年都有幾百個的案例。1956 年起由農復會與臺灣省衛生處展開撲滅工作，畜犬全面注射狂犬病疫苗，並採行撲殺野犬等控制動物傳染窩的措施後，最後一例人類的病例發生在 1958 年，隔年最後一隻狂犬病狗被撲殺。由於世界衛生組織（WHO）規定需兩年內沒有任何一例人類染病和病動物，才能

成為非疫區，直到 1961 年臺灣成功讓本土狂犬病絕跡，成為狂犬病非疫區。

狂犬病早有疫苗

狂犬病疫苗的發明者，同時也是狂犬病病毒的發現者──法國的化學微生物學家巴斯德，利用跨物種的方式將狂犬病病毒接種到兔子身上，製成最早的活減毒疫苗。1885 年首次將製成的狂犬疫苗應用在人類身上，為一位被瘋狗咬傷的 13 歲男孩約瑟梅斯特（Joseph Meister）連續施打 13 劑疫苗，成為首次成功預防狂犬病的案例。

現今的預防處置已有標準流程，人類一旦被狂犬病動物攻擊產生傷口後，需盡快在傷口處施打抗毒血清，在傷口的身體對側注射疫苗。

狂犬病毒藉由感染的傷口選擇跑進神經，而非遊走在血液內，隱藏蹤跡不讓免疫細胞發覺，因此需同時給予疫苗及抗毒血清，藉由抗毒血清中和狂犬病毒，先暫時抵擋病毒，但外來的抗毒血清如同一般抗體，很快會被代謝掉，因此須補打疫苗，讓病人自身產生抗體。

但是萬一狂犬病毒已進入了腦部，抗毒血清或疫苗無法進入腦部，這個病人還是會因此喪命的。就如同當年我的病人一樣。

疫苗分為兩大類

死毒疫苗、活減毒疫苗。死毒疫苗，例如破傷風疫苗，是微生物顆粒的一部分，沒有生命，可提供生物辨識來製作抗體；活減毒疫苗，則是將微生物經過減毒的培養，降低致病的威力，但仍有生命力及感染力，讓接種者有時間辨識製造抗體及細胞免疫力。

❖ 密爾沃基療法的罕有成功特例

　　雖然已有疫苗，狂犬病的治療方法卻不多，世界衛生組織推薦的資料也不多，曾經以全身麻醉的方式（稱作「密爾沃基療法」）成功治癒一名被蝙蝠咬傷並發病的女孩，但這僅是唯一特例。

　　2004 年美國威斯康辛州的一位十五歲女孩珍娜吉斯（Jeanna Giese），在家鄉威斯康辛州馮杜拉克市的聖派屈克教堂（St. Patrick Church）撿拾到一隻蝙蝠，她的左手食指被蝙蝠咬了一小口，她與家人只在家消毒傷口並未馬上送醫，但珍娜在被咬後的第 37 天開始發病，發燒、視力紊亂、說話含糊不清及左手臂痙攣，送至位於密爾沃基（Milwaukee）的威斯康辛兒童醫院，由威洛比醫師（Rodney Willoughby）進行治療。

　　該院醫師對狂犬病的治療有一個臨床實驗的計畫：他們的理論假設狂犬病病人是因為病毒造成過度的腦部刺激而死亡。因此治療採被動為主動，病人一進來不要等到病人症狀嚴重發作，馬上用三種麻醉藥物進行全身麻醉 30 天，阻斷所有神經傳導。

　　這位 15 歲的女孩在昏迷了 30 天後，停掉麻醉藥，一醒來就可以坐起來，甚至可以用助行器站起來，不久之後更恢復到可以走路，進食能力、語言和智力也逐漸恢復了。2005 年，這項醫療奇蹟被發表在權威雜誌《新英格蘭醫學期刊（NEJM）》，這種使用藥物讓病人昏迷以治療發病的狂犬病人的標準療程被稱為「密爾沃基療法（Milwaukee Protocol）」。

　　其實，最初那位女孩能奇蹟痊癒，是有原因的。

這位女孩在發病的第一時間，血液及腦脊髓液中已測得狂犬病抗體都存在！血液中有抗體表示身上免疫反應已經啟動，而脊髓液中又測得抗體，則表示抗體已通過腦部的「血腦障壁（Blood Brain Barrier, BBB）」，這位女孩在麻醉的一個月當中，靠她自身的抗體就足以對抗狂犬病毒，所以整個療程中不曾、也不必再施打疫苗或免疫球蛋白（抗毒血清）。但如果沒有同步使用密爾沃基療法，這位女孩在 30 天內還是可能因為抗體沒來得及把病毒清除掉，就因生命中樞癱瘓而死。

真正殺死病人的不是狂犬病病毒，而是病毒感染導致腦神經損傷，不斷亂刺激神經細胞，引發血壓忽高忽低、危及生命，密爾沃基療法就是讓腦部平靜的度過這個急性放電期，等待病毒被抗體清除。可惜搜尋 2005 年至今的文獻，後來接受標準密爾沃基療法的 26 位病人都不幸去世。因此最新的文獻皆建議不要再使用密爾沃基療法。

血腦障壁
（Blood Brain Barrier, BBB）

維持腦部環境恆定，只允許氧氣、二氧化碳、血糖等小分子物質通過，疫苗及藥物等大分子產物則無法通過，因體內許多功能依靠腦所分泌的荷爾蒙調控，此保護機制讓腦部避免受到荷爾蒙與神經傳導物質的影響。

動物狂犬病疫情　嚴密監控避免傳人

從 1961 年正式絕跡 50 年後，臺灣居然又出現了狂犬病毒的蹤跡。自 2013 年 6 月鼬獾狂犬病爆發之後，陸續有鼬獾、白鼻心、雪貂、浣熊及蝙蝠等咬傷人的案件，其中檢驗出帶有狂犬病

毒的動物，2013 年 9 例、2014 年 12 例、2015 年 4 例、2016 年 9
例，2017 年 13 例……

　　當然，這中間臺灣還是有零星的境外移入的病例個案。一位
是 2002 年我遇到的那位從大陸來的女士；2012 年有一位臺商在
湖北被狗咬，發病後回臺灣北部醫院接受治療但往生；2013 年有
一位菲律賓移工染病後來臺灣，22 天即多重器官衰竭死亡。

　　我從 2002 年治療過狂犬病人之後，也開始著手抗狂犬病毒
血清及藥物的研究。我一直擔憂狂犬病毒從動物傳到人身上，更
擔心人類發病的處置，因為狂犬病潛伏期長，很可能有人被咬之
後覺得沒事，就沒到醫院打疫苗，一旦等到病毒進入腦部，注射
疫苗已經來不及了。

　　近幾年時不時會出現動物咬傷人，然後動物驗出有狂犬病毒
的新聞，尤其是花蓮縣，偶有鼬獾或其他野生動物被驗出狂犬病
毒陽性，讓花蓮變成狂犬病可能發生的高風險區。提醒民眾，萬
一被咬，一定先到醫院打狂犬病疫苗及破傷風疫苗，不要拿自己
的生命開玩笑。

❖ 發展狂犬病毒的人鼠嵌合單株抗體　成功突破血腦障壁

　　目前確定的是，在狂犬病發病前接受免疫治療即可獲得百分
之百保護，發病後再給予免疫治療已無力回天，這天壤之別的差
異就是在「免疫反應」是否能夠保護病人的腦神經。WHO 世界
衛生組織建議的標準免疫治療包含注射疫苗讓病人自己產生抗體

的「主動免疫」，但是需要一至兩週的時間，這段空窗期必須靠「被動免疫」，幫病人注射抗毒血清來中和病毒。

2002 年遇到了那位狂犬病人，種下了我研發狂犬病治療藥物的契機。雖然病人在我接手之後盡快注射了疫苗和抗毒血清，但還是回天乏術，因為她從被咬到來到我們急診已隔了兩三個月，狂犬病毒已入侵腦部，所以我發現我需要做的是讓治療藥物也能「突破血腦障壁」，進入到腦部去殺死病毒，才會有效。

為何病毒進入腦中之後才接受免疫治療就無效？人類腦部有「血腦障壁」的保護機制，為了讓腦神經有最清淨的環境，小分子可以通過，大分子則無法進入腦內，而抗體是大分子，被血腦障壁擋在牆外進不去腦部，自然就更沒機會把病毒中和掉，更何況市面上的抗毒血清是動物血清中的多株抗體，中和病毒的效力是不夠好的。

這些年來，我帶著我們病毒室的研究團隊研發抗狂犬病的藥物，已經有很好的成績，我把大致上的五個階段簡單敘述一下。

● 第一階段：培養病毒

狂犬病病毒是第一類傳染病源，所以培養這種病毒需要在生物安全三級實驗室（Biosafety level, BSL3，簡稱 P3）進行，我們在 2003 年 SARS 流行期後就設立了 P3 實驗室。感謝我的那一位病人，我們從她的檢體分離培養出了狂犬病毒，經過染色及

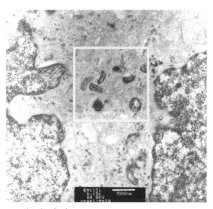

狂犬病毒

基因測序，確認我們所培養出來的，正是狂犬病病毒。這許多具感染力的狂犬病毒研究工作都必須在 P3 實驗室中進行。

● 第二階段：研發產製病毒單株抗體

第二階段首先用分離培養出來狂犬病毒打到小鼠身上，讓小鼠的 B 淋巴細胞（免疫細胞的一種）產生抗體。雖然 B 淋巴細胞存活時間不長，但癌細胞具有長生不死的特性，所以我們使用「融合瘤」技術將兩種細胞結合，先將小鼠 B 淋巴細胞從脾臟取出，與癌細胞融合，再分離出能產生狂犬病毒抗體的單一融合瘤細胞，經大量培養，就能持續製造單株抗體。

我們實驗室培養的每一種病毒或致病原都有自製單株抗體的慣例，狂犬病毒也不例外。這些製造出來的單株抗體中，能夠中和狂犬病毒的抗體就用來治療病人；僅能用來辨識狂犬病毒的抗體，可以染色作為診斷狂犬病的工具，未來也不用再購入昂貴的狂犬病抗體做診斷之用。

因為目前臨床上施打的抗毒血清，都是源自馬、羊或人血清中的狂犬病毒多株抗體。多株與單株的差異，在於多株實際能中和狂犬病毒的抗體微乎其微，大於 99% 無法中和狂犬病毒。此外，提供抗體的動物或人類可能也有傳染其他疾病的風險，需經過多項檢測，導致現在市面上的抗毒血清價格更加昂貴。因此，發展有效的單株抗體勢在必行。

● 第三階段：打開血腦障壁

這個階段在動物的實驗已經完成。為了證實從小鼠身上培養的單株抗體，是否有保護預防狂犬病的效用，我們以較易觀察的大鼠模式來做實驗。因為目前狂犬病一發作，打疫苗、抗毒血清

或任何治療都來不及搶救生命。所以這個階段的實驗目的，是希望證實狂犬病發作後，如能成功打開血腦障壁，就可以讓抗體順利進入大腦殺死病毒。

我們用了三種方式嘗試打開血腦障壁，第一種是高濃度的糖水（專業術語是「高張溶液」），第二種是用腫瘤壞死因子（TNF, Tumor Neucrosis Factor），目的都是在增加血腦障壁的通透度，我們在 2009 年試了這兩種方法，但成果有限，無法突破。

血腦障壁，如同一層膜存在於腦血管的內層中，很難打通；它也變成我腦海裡那個難以突破的研究障壁了！我要怎麼才能打通呢！

有一天，在同心圓宿舍的電梯口，遇到慢跑回來的邱琮朗醫師，他是神經外科醫師，邱醫師聊起一個治療腦瘤新藥物的動物試驗，我本來跟他相反方向，正要去實驗室，但我一聽到他要說的事，靈光一現，趕緊跟著他進電梯，請教他那個新藥物如何通過血腦障壁？邱醫師說，林口長庚醫院放射科閻紫宸醫師是用「聚焦式超音波」技術打開大鼠的血腦障壁，讓藥物得以進入腦部。聽完邱醫師的分享，送他出電梯，我開心的重新按了電梯往下的按鈕，下了樓，出電梯往實驗室去，一坐在辦公桌上就上網進 Pubmed 資料庫搜尋相關論文。

接著我想辦法找關係聯絡到林口長庚大學工學院電機工程學系暨電機工程研究所劉浩澧副教授，他欣然同意與我們合作，因此由我的學生——慈大醫研所博士生廖碧虹主要負責，這也是她畢業論文中的一個實驗。實驗期間廖碧虹為借用實驗器材，每回都是雙手各拎著三個鼠籠，總共帶著六隻大鼠北上，奔波於花蓮

和林口之間，雖然如此辛苦付出，結果卻還是延遲畢業。

林口的試驗結果是失敗的，因為腦瘤的治療只需要打開腫瘤部位的血腦障壁，但狂犬病毒的治療需要打開腦部每一根血管的血腦障壁，大鼠禁不起聚焦式超音波大面積的破壞。

經過這三種開啟血腦障壁的試驗，我們回頭改良第一種使用高張溶液的方式，得到了很好的效果。試驗方式是將病毒注射到大鼠身上，等到第七天至九天病毒已經進入大腦後，將高張溶液及抗體注射進入大鼠體內，讓原本平均 13 天死亡的實驗動物延長壽命至 40 天。我們成功打開了血腦障壁，讓單株抗體通過抵達腦部殺死病毒，提高了存活率！

● **第四階段**：人鼠嵌合單株抗體的基因工程研發

我們在研發第三階段打開血腦障壁的同時，同步進行第四階段，跟中研院合作進行人鼠嵌合單株抗體的基因工程研發。

如果直接將鼠類的單株抗體注入人體，會產生嚴重的過敏反應，若沒有經驗豐富的中研院協助，這一部分的研究時程可能需要三、四年之久。「人鼠嵌合單株抗體」這一項研發若能成功，未來可在搶救生命、打開國際市場與臺灣醫療全球化創造出三贏的局面。

目前能夠注射在人體內的單株抗體藥有三種，第一，最好是從人類抗體基因製造出來；第二，則是「擬人化」的抗體，例如：將老鼠身上分離出的抗體，以電腦進行 AI 改造，經基因

工程修改到接近人類抗體，但有一個缺點是修改方法大多被專利覆蓋了，非常昂貴。第三，則是人體與動物體嵌合後的抗體，例如：人鼠嵌合，將老鼠身上分離出的抗體進行分析，保留具有能中和抗原或毒素的部分基因，其餘部分嵌入人的抗體基因中。我們病毒實驗室與中研院吳漢忠教授合作完成的就是使用人鼠嵌合的抗體。

● **第五階段**：GMP 製藥──狂犬病毒中和單株抗體

人鼠嵌合單株抗體實驗完成，最後，就是需要與藥廠合作，將人鼠嵌合單株抗體植入被認證的中華倉鼠卵巢細胞（CHO）內，做成符合 GMP 的產品才能拿到藥證，全世界被狂犬病毒感染的人類才有治癒的希望。

狂犬病毒中和單株抗體　降低狂犬病致死率

被狂犬病病毒感染的結果有兩個百分之百，一個是沒有打疫苗，一旦發病幾乎是百分之百死亡；而未發病前打對了疫苗及抗病毒血清，結果可以是百分之百不會發病。

人類狂犬病疫苗，會在兩種情況下進行施打，第一類是預防性的疫苗注射，職業高風險者如：獸醫、山林巡守員、病毒研究員等，需注射三劑疫苗。第二類就是被疑似罹患狂犬病動物咬傷者，一次完整療程是五劑，第一劑在被疑似感染狂犬病動物咬傷後立即送醫注射，並同時接受抗毒血清注射治療，其餘四劑在第一劑注射後的第三、七、十四及二十八天時施打。

全球每年有五萬左右的病人因狂犬病死亡。若能成功製作出「狂犬病毒中和抗體」，當年那位我還來不及救治的狂犬病

女士，雖然未能救到她，但卻喚醒了我們承擔起研究新治療方式的使命感。她身上留下的狂犬病毒，也是我們開啟研究大道的鑰匙。

地表上的狂犬病疫區仍是較落後的國家，人民可能因買不起疫苗和抗毒血清而喪失寶貴生命。我所選擇進行研究的抗體，都是可與慈濟的精神結合，做慈善。

希望我們多年來研製的狂犬病毒中和抗體，能夠平價量產，來援救全世界所有因狂犬病毒而可能失去生命的人們，也讓即使已經發病的狂犬病人多出一線生機。

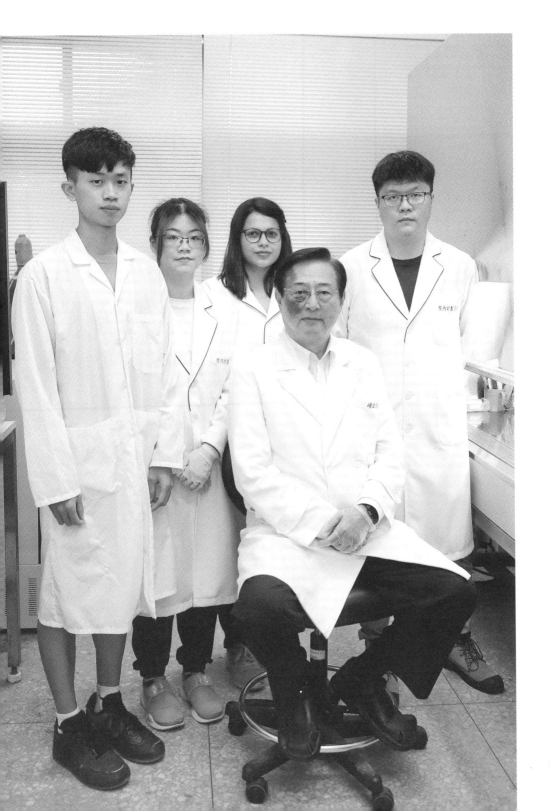

陳立光的人生解密：急診醫師、病毒免疫學教授與毒物專家

戰亂後出生的孩子 —— 陳立光，從小膽子就很大，玩心超重，勇於嘗試各種新事物。父母師長殷切叮嚀的「用功讀書」這幾個字，只出現在他有意願、有興趣的領域，例如走入臨床才知道不夠用的醫學。也因為好奇心強、點子多，造就他一生樂於投入探索病毒的未知世界。

　　陳立光的家族是浙江省台州市天台縣後塘村的中醫世家，但到底是祖傳了幾代的中醫世家早已無法追溯，不過陳家因此累積了一些家產，成為地方上小有名氣的望族。

　　後塘村前有一個養魚的大池塘，塘前有一棵大樹，算是村子的地標，也是鄉民聚會的地方。陳立光的父親陳慶義有三個兄弟、兩個姊妹，其中一位哥哥沒有繼承家業，反而跟上了去日本留學的風潮，留日返鄉後還當上鄉長，當時全鄉只有一匹馬，而這位陳鄉長經常騎著那匹馬在路上逛。由此描述，可見陳家地方鄉紳的風光。

　　這段全盛時期的家族歷史，陳立光沒有經歷過，只從父親的口中與地理歷史課本上得知一二。

在醫途相遇的父母——
戰亂下，漂泊習醫路

陳父求學期間遇上了抗日戰爭，受戰亂波及，無法承繼中醫家業，但機緣巧遇卻進了軍醫學校就讀，學習西醫，後來學校跟著政府遷移到貴州。陳立光的父親就是在貴州就讀國防醫學院的前身。陳立光的父親其實是他的大學長，陳父在大陸就讀醫學系第三十四期，而軍醫學校跟政府撤退到了臺灣，變成「國防醫學院」，也就是陳立光的母校，他是第六十九期，與自己的父親相差了三十五屆。

國防醫學院 1902 年在天津建校，校名原為「北洋軍醫學堂」，醫學系需修業四年。1939 年全校遷往貴州安順，由聯勤總部軍醫署第十二重傷醫院為教學醫院，並於西安、雲南設立分校。

1940 年戰事告急，軍醫學校遷往貴州安順 1946 年抗日戰爭勝利後，軍醫學校遷往上海江灣，以上海市立醫院及抗戰時期之日本軍醫院為校址，與陸軍衛生勤務訓練所及軍醫預備團合併復校。1947 年軍醫學校到了臺灣，更名為「國防醫學院」。

　　因為國共內戰，1948 年陳立光的父親跟家人輾轉來到臺灣，除了伯父跟一位堂叔分批來臺之外，其他親戚則留在家鄉。陳父經常講醫學方面的事給陳立光聽，也說到自己的小妹，十來歲時因感染症而往生，陳父描述妹妹整個臉都爛穿了，猜測可能是長了腫瘤。

　　當時能坐船來臺灣的，都是軍人或政府公務員。所以伯父在稅捐處工作；堂叔從軍。陳父是西醫，而祖傳的中醫因戰亂蔓延沒有傳承下來。陳父曾經回到天台縣的村子裡，修了祖墳，老家歷經勞改、土地充公，早已不復存在，親友也四散了。

　　陳父與太太寧愛麗是戰亂後自由戀愛相識的；寧愛麗是護士，與國防醫學院畢業的陳父相識，二人一起在上海總醫院（現在的第二海軍軍醫大學）上班。

　　陳立光的外祖父是長老會的「傳道人」，基督教傳入中國時叫做長老會，長老會有一支人在山東傳教，被稱為「山東大復興」，外祖父家教嚴謹，家中有三個女兒，一個兒子。

　　陳立光的大阿姨也是護士，山東齊魯醫學院護理系畢業，陳母寧愛麗是美國長老會 1914 年創建的山東烟台毓璜頂醫院護校。因為戰亂，寧愛麗從山東到上海工作，與從浙江到貴州求學又分發到上海的年輕醫師陳慶義相識相戀結婚。

舉家遷臺，艱貧生活

陳立光的姊姊是 1948 年初夏在上海出生，還沒滿兩個月大就跟著雙親搭船來到臺灣，二天二夜的船程，襁褓中的姊姊成了乘客爭相疼惜的寶貝。陳立光是 1950 年初在臺北市廣州街第一總醫院，也就是「三軍總醫院」的前身——「陸軍第八〇一總醫院」）出生。當時陳父是該院的住院醫師，並下定決心要成為一位胸腔外科醫師。由於陳父陳母都忙於醫院工作，陳立光與姊姊等於是表姑程小芝一手帶大的。

陳家跟著陳母信仰基督徒，陳立光剛滿月就受洗了，但長大後，陳立光內心逐漸偏向無神論，陳母雖然很期待兒子成為虔誠的基督徒，但她並沒有勉強孩子。陳立光從小經常在禮拜天和媽媽一起去教會，媽媽做禮拜時，陳立光就去上主日學。青少年時期，陳母堅定建議他去上「助道班」，希望強化信仰後，再正式受洗一次，陳立光乖乖去過三次，但每次課程最後被問到「相不相信」時，陳立光都誠實的回答：「沒信」。從此陳母就沒再強迫陳立光受洗了，但姊姊如陳母所願成為虔誠教徒。

當年在臺灣有五個軍方的總醫院，八〇一在臺北、八〇二在高雄、八〇三在臺中、八〇四在臺南，最特別的是八〇五總醫院，它是一間肺病療養院，位於臺中中興嶺。由於陳父是跟著整個上海總醫院遷移來臺，所以工作被安排在八〇一總醫院，住家則被安置在植物園的後門－萬華廣州街八巷。當時八〇一醫院牆外就是日式宿舍，在這一區政府接收的日式房子裡，陳立光從女師附小幼稚園念到女師附小三年級。

　　陳立光回憶童年，日式房子比一般的房子架高許多，就像龍貓那部日本卡通一樣，孩子們常常會在院子裡，趴著看看房子底下有沒有藏了什麼祕密；屋內地板上鋪的是榻榻米，房間的門都是木頭窗格糊著窗紙，孩子們最喜歡用手指戳破紙門，窺探房內。陳立光笑著說，因為表姑不讓他們在街上亂跑，只能待在家裡，無聊時，小鬼們就會去戳戳紙門，大人們防不勝防，一氣之下，就將紙門改釘上木板，一勞永逸。

　　那時陳家因為有表姑幫忙，所以陳母才能繼續到八〇一上班。陳母很辛苦，母奶不夠，孩子必須要吃牛奶，但當時奶粉都仰賴進口，非常昂貴，為了讓姐弟有奶粉吃，陳母甚至去賣血換錢，不過因為進口量少，經常有錢也買不到奶粉！姊姊大陳立光兩歲，剛出生沒多就來到臺灣，初來乍到，日子過得非常辛苦，什麼物資都缺，根本沒有奶粉可買。

　　陳母打聽到美軍的物資裡有冰淇淋粉，是用牛奶為原料，就想方設法去買來泡給孩子喝，陳姊姊可說是吃冰淇淋粉原料長大的。

　　回憶中，陳母經常打趣說陳父是上尉，自己是少校，因為尉官跟校官中間有一個級距，少校一個月的薪水是一百二十元，比陳父上尉一個月九十元的薪水還要多了三十元。再怎麼精打細算，一個月二百一十元要養活一家五口，當然捉襟見肘！

　　軍人稱老師為教官，陳母寧愛麗可說是臺灣護理界的前輩，很多任國防醫學院的護理主任，都是她的學生。陳母在三軍總醫院從護理長做到督導，為了貼補家用，就把少校軍職辭掉，四十

歲左右轉到「中心診所」擔任特別護士，中心診所可是當年收費最高的貴族醫院之一，做一天特別護士的薪水，可能就等於半個月的軍籍薪水。

醫學研習奠基專業

陳父在八〇一總院擔任住院醫師，準備要選科別時，外科系的張姓教授要他選麻醉科或泌尿科，在軍系醫院一個口令一個動作的年代，陳父因為不肯聽話，只好選擇再次出國。陳父是最早一批到美國受訓的軍醫，第一次出國是在上海時期，搭船到美國芝加哥學習公衛。從芝加哥回來後，陳父寫了一本書，與急診急救、公衛有關，在那個沒有什麼急診專業書籍的年代，可是炙手可熱的教科書之一。

這一回因選科不順而出國，陳父去了美國科羅拉多州丹佛醫學中心學習胸腔外科。當時臺灣還沒有胸腔外科專科，因為他曾去過美國，英文溝通無礙，申請到「美國醫藥在華促進會」贊助公費出國深造這個大好機會。

陳父出國二年期間，陳母就靠著特別護士的高薪與陳父的軍餉，由尚未出嫁的小表姑幫忙照顧家裡。陳父回台後，臺北八〇一總醫院胸腔外科已有盧光舜醫師駐診（榮民總醫院設立後，盧光舜醫師就被調過去，日後榮任北榮外科部主任）；陳父則被調到臺中八〇五總醫院，也是肺結核療養院，專門醫治肺結核病人，也為肺病病人執行肺部開刀手術。

　　胸腔外科除了開心臟、肺臟，還會進行食道手術。其中一個食道癌手術，必須把染癌的食道拿掉，再以大腸的腸子接上來取代，而陳父就是臺灣第一位執行這個手術的醫師。

　　陳父與兒子陳立光是同校校友，父子相差三十五屆，但並不是相差三十五年就學，因為戰亂時期有幾年是一年招生二次。父子同校畢業已經很難得了，更難得的是，陳立光在取得學位後，重新學習臨床的急診專科，克紹箕裘，承繼父親對急診醫學的拓荒與關注。

　　還有一件事，陳父念茲在茲，分享給陳立光知曉。陳立光在就讀國防醫學院的時候。大伯父往生

　　大伯父在稅捐處服務，一輩子吃香喝辣、養尊處優，導致罹患心臟血管疾病，後來因主動脈破裂剝離，引發食道破裂，大吐血死亡，在臺北榮總過世。陳父當時覺得奇怪，沒有肝病、也沒有肝硬化，又不是食道靜脈曲張，怎麼會因為心臟疾病引發食道破裂大吐血呢？當時臺北榮總病理科杜炎昌主任是陳父的同班同學，就邀陳父旁觀大體解剖，結果發現是動脈瘤破裂一直裂到食道。陳父戴上手套去觸摸，竟然可以從主動脈破洞摸到食道。對親人往生原因的不解，並沒有讓陳父沈浸在悲傷中，反而是勇於探究，找出致死病因，由此可以看到陳父對醫學科學追根究底的熱情，這股動力也感染了兒子陳立光，在身教的潛移默化中，引領他日後走上醫師科學家之路。

野孩子、皮孩子

1953 年成立的聯勤第二肺病療養院，1959 年改編為陸軍八〇五總醫院，位於臺中東勢鄉中興嶺山上，1970 年因肺結核病人減少遷到花蓮。小學三年級的陳立光與家人跟著爸爸遷到東勢，住醫院宿舍，早上起來經常看到滿地都是蛇，吃完早餐，就搭四十分鐘的客運車到新社國小上課。

在那個物資缺乏的年代，山上的新社國小同學都是打赤腳沒有穿鞋子，陳立光為了跟同學一樣，早上一離開家門就把皮鞋脫下來放在書包裡。同學都講臺語，小孩子學語言很快，沒多久，陳立光就可以跟同學用臺語交談了，不過，回家之後就不能講台語了，因為爸媽聽不懂臺語。

離開臺北的同學們，陳立光沒有特別難過，反而是在熟悉與融入新環境上，感受到壓力。這也只是陳立光多次轉學經歷的第一回合。與新同學熟悉之後，陳立光變成一匹脫韁野馬，但成績還是全班第二名。第一名是新社鄉唯一一為開診所的醫師的兒子，老師每次發下成績單就開始打人，而且是從第二名的陳立光開始打起，因為老師不敢打第一名那位。

185

從臺北都會來到新社的孩子，覺得位於大自然環境的新社國小真是太好玩了，教室裡會有貓頭鷹闖進來，下課了學生就跑到池塘邊抓魚、摸蝦，偶爾遇到水蛇嚇得哇哇大叫，也是另類童趣。陳母不久就發現陳立光完全進化成一個野孩子，雖然還是名列前茅，但心都玩野了，她很憂心兒子這樣以後怎麼面對艱深的升學考試呢？在新社的歡樂時光僅僅維持了一年，陳母就帶著二個孩子搬到臺中市，把陳立光轉到臺中市忠孝國小就讀。

❖ 眷村裡的樂與罰

離開新社之前，表姑程小芝結婚了，嫁給陳誠副總統的侍衛，後來生了五女二子，九十多歲依然健在。因為表姑離開了，搬到臺中之後，陳母就沒法子繼續上班。陳家買下眷村——「模範新村」的房子之後，陳母開始經營多種家庭副業，甚至還養雞。家中擺了很多雞籠，下面有盤子接雞糞，小孩子平常幫忙撿雞蛋，大人去曬雞糞，曬乾後裝進袋子，當成肥料賣給收購的商人。

模範新村住了很多裝甲兵，還有許多陸軍高階軍官，陳立光還記得自己住在二十一巷，整條巷子裡只有一家「本省人」，其他全部都是「外省人」，大多都是軍眷。鄰里之間，孩子們的感情很好，一直到現在，陳立光的手機裡都還有眷村那群玩伴們的聯繫方式，還有 LINE 群組呢。

模範新村後面是田地、小河跟竹林，陳立光經常跟眷村弟兄們去河裡抓魚摸蝦，在收割後的田裡烤魚蝦、玩家家酒。種稻期

間，他們也會到田裡釣青蛙，先要抓蜻蜓綁在茅草或稻草的尾端，青蛙就會跳上來咬蜻蜓；可是大蜻蜓也會吃小蜻蜓，田裡有很多好玩的事情，玩瘋了的陳立光完全像個野孩子，經常挨打。他四年級讀忠孝國小，五年級就轉到臺中中師附小（現國立臺中教育大學附設實驗國民小學），學校愈好，功課就愈難，陳立光開始包辦最後幾名，也因為不寫作業，在學校被老師打、回家就被陳媽媽打。

陳立光在巷子裡可是很出名的頑劣，因為經常都被媽媽趕出家門，那時候不流行離家出走，陳立光也不敢離家出走，只好站在家門口，剛剛還跟陳立光一起瘋的玩伴，轉眼就看到陳立光被趕出家門、不敢回家。

陳立光在眷村經常玩到全部小朋友都回家了、天黑了、路燈亮了，已經沒有人陪他玩了才肯回家。如果沒寫功課，老師會寫在聯絡簿上，媽媽看到老師留話就會教訓陳立光，為了逃避被陳母打，陳立窗竟然偷改聯絡簿，他們幾個兄弟買了漂白水去塗改聯絡簿，逃過家裡的處罰，但是第二天，當老師看到聯絡簿上的字消失了，幾個皮蛋還是逃不過被老師處罰挨打的命運。

陳立光在臺中忠孝國小就讀時，班導師的妹妹是姊姊的同班同學，陳母就特別拜託老師好好修理頑皮的孩子，經常被老師打耳光打到流鼻血。五、六年級轉學到中師附小，老師都是師範學校畢業的，比較不會打耳光，也因為陳立光明白了欺騙老師遲早會被揭穿，學到教訓之後也懂得安分守己。

　　初中聯考時，臺中最好的是省一中、省二中、市一中、市二中、市三中，陳立光考上第五志願市三中；去考了兩所私立學校，衛道備取，懷恩正取，所以就選擇去念懷恩。懷恩是東海大學附中，當時初一到初三都只有一班，而且是男女同班，班級人數很少，大多是給東海大學教職員子女就讀。學校在大肚山上，不在臺中市區，陳立光每天早上都要坐四、五十分鐘的公路局去上學。陳立光是第三屆學生，班上才三十多位同學。由於懷恩畢業生，考高中都能上第一志願，所以陳母很安心。

　　沒料到的是，陳立光入學第一天，新生訓練開始，就被認為是問題學生。校長在臺上演講，他竟然在臺下嗆聲，還覺得自己沒錯，校長講錯了，自己只是幫校長修正。校長就請媽媽第二天到校來談談，從此陳立光就被師長盯上。學校是小班制，師資也滿好的，但他根本沒怎麼在讀書。

　　在懷恩陳立光度過了一段愉快時光。那時候東海大學路思義教堂（Luce Memorial Chapel，美國路思義家族捐款興建，1963年落成）還沒有興建，整個東海大學都是相思樹林，蔓草紛紛，大學裡的泥土很特別，是紅土，陳立光說，以前家裡比較窮，鹹鴨蛋是自己家裡用紅土醃製，所以家裡要醃鹹蛋的話，除了要鹽水，還要從東海大學搬紅土回家當原料。

　　而不管家裡需不需要醃鹹蛋，陳立光每天回家時，制服領口都被紅土染紅，因為他玩性沒改，幾個同學沒事就會在大肚山上採野草莓、抓小蟬（知了）；還經常跑到東海大學足球場踢球。

後來陳父因為年紀大比較少開刀，就被調回八〇一總院轄下的北投分院當院長。因此陳立光在懷恩念到初二，就跟著家人轉學到臺北士林中學就讀。

轉回臺北玩性不改

陳父工作的八〇一北投分院，當年隸屬於陽明山地區，也是該區唯一一家醫院，而且是精神科醫院。陳家也住在北投，但陳立光卻讀上了士林中學，每天早上坐火車從北投到士林上課。其實北投也有北投中學，但因為陳父打聽到士林中學的邵夢蘭校長，是北一女校長退休後到士林中學當校長，所以陳父捨近求遠，讓陳立光去念士林中學。

由於陳立光在懷恩中學全班三十幾個學生之間，排名都倒數幾名，所以轉到士林中學，邵校長擔心陳立光在臺中鄉下學校都排倒數，怕他根不上，所以讓陳立光先到夜間部借讀看看。

邵夢蘭校長是接受四書五經老式教育的，所以每天朝會，她都會教學生一段論語，當時論語是上高中才會念的，但是邵校長在初中階段就開始教了，她一教完，馬上就抽籤讓學生上臺背誦，陳立光說，自己到現在還能出口成章，就是因為當年背了不少論語呢。

跟懷恩不同，士林中學是一間大學校，日間部有十幾班，夜間部也有五、六班，陳立光在夜間部借讀了一個學期，結果考試成績是夜間部最高分，這都要感謝懷恩中學的師長，他們的教學功力都很像是現在所謂的補教名師一般。

陳立光第二個學期就變成日間部正式學生，而且是初三的重點升學班，也就是要去參加高中聯招的班級，班導賴祥雲老師都會幫忙預測每一個學生成績的落點，考前，他預測陳立光會考上復興中學，沒想到陳立光拼上了第三志願——成功高中。

來到成功高中的陳立光，不改愛玩的本性，抽菸、穿喇叭褲，一天到晚翻牆出去坐公車到永和打撞球，也時常翻牆去臺北新公園找人打架。陳立光說成功中學隔著重慶南路是開南中學；隔著青島東路是臺北士商，這兩間學校的學生他都打不過，所以只能跑去臺北新公園找南陽街補習班翹課的學生打架。

❖ 不羈的青春時代

高中寒暑假也沒錯過參加救國團的自強活動，騎馬活動的騎士隊、海上活動的游泳隊，都留下他恣意揮灑青春汗水的記憶。當然，他該念書的時候還是念，媽媽也沒有漏了盯著他去臺北市南陽街補習。

三年之後，聯考放榜，普通大學聯招考上文化大學建築系，軍校聯招的成績尚未放榜。那個年代的大學新鮮人，男生都要先上成功嶺受訓三個月。

陳立光當然也去了，結果因為每天早上起床後都要把棉被對折成豆腐方塊，又是夏天，他乾脆晚上睡覺時不蓋被，就不用每天折被子了，結果這件事被長官發現，盯上他每天查他，他就覺得再待下去不行，自己會出事，所以上成功嶺十二天後軍校一放榜，得知

考上了國防醫學院，他形容自己是「逃下來」的，「我想我從成功嶺逃下來，就算國防醫學院沒有上，中正理工學院（現國防大學理工學院）我也會去，因為待在成功嶺太恐怖了」。

國防醫學院當時可以跨組考試，陳立光原本考上的是藥學系，後來靠備取遞補上醫學系，每屆錄取一百八十名，陳立光說：「我是吊車尾考進去，第一百七十九名，倒數第二名」。

大學不改貪玩性，大五正視醫學

1969 到 1975 年，醫學系讀六年，大一就補考四科，有四門學科都不及格，因為他把時間都花在打橋牌上了，他的橋牌夥伴也是成功高中的同學，「我當四科，他當五科，比我多一科中文，所以超過二分之一，連補考資格都沒有就被退學了」。陳立光還記得這個同學重考上了輔大化學系。

上了大學，跟高中做一樣的事是爬牆，但爬牆出去是忙著交女朋友、去舞會跳舞，大二的他交了一位他校法律系五年級的女生，大三就有了失戀經驗，因為女友結婚遠赴他國去了，害他整整一個月晚上都無法睡覺。大學四年級，比較收斂了，不再過分貪玩，但也是白天打瞌睡，晚上出去玩，靠著同學的筆記應付考試過關，完全不了解醫學是什麼。

陳立光分享了當年白天上課睡覺的壞處，「有一天上課到一半，突然防空演習，就停電了，同學們都跑出去避難，但我睡到腳都麻了站不起來，只能留在教室」。只能慶幸那是演習。

　　念國防醫學院這樣的軍校，陳立光一入學就算是下士，士官起薪從一千多升到兩三千塊，畢業時薪水是三千四百元，陳立光說：「在軍校裡也沒什麼地方好花錢，薪水我沒有拿回家，但讀國防醫學院開始，我也沒有再跟家裡拿一毛錢了，學費是國家負擔，所以念軍校也是有它的好處」。

　　大學五年級開始到醫院見習的課程，這對於陳立光的人生是一個覺醒的轉機，「去醫院看到病人，每個病人的問題要如何解決都搞不清楚，我覺得自己太沒有學問了！」他這才開始回頭重新去學自己大三、大四沒有念的東西，而此時他從病人臨床問題去自主學習的情形如同 20 年後醫學教育改革而成的「問題導向學習（PBL，Problem-based learning）」。

　　雖然陳立光總說自己的大學生活一直都在玩，但其實他從大學二年級暑假起開始擔任父親的外科手術助手，基於對父親的崇敬，他嚮往未來能成為一位執行器官移植的外科醫師，為生命垂危的人創造希望。不久他又發現許多病人好不容易獲得器官移植機會，手術成功後，卻被排斥的併發症擊倒，失去了重生的機會。他想找出如何適度降低人體免疫力的方法，好讓異體器官能與病人的身體相容共存。

　　從這時開始，在他心中，當一名器官移植外科醫師的夢想逐漸成形。但要先學會解決移植器官的排斥免疫！

外島軍醫甘苦談

　　國防醫學院畢業規定要下部隊，但是會留下班上前四名的畢業生當助教，當時國防醫學院通常是一百八十名進去，三分之一被當掉淘汰，剩下一百二十名畢業，但這一百二十名裡面有六十名是上一屆當下來的，等於每一屆只有約六十人是同一屆進去讀六年後再同一屆畢業的，陳立光記得很清楚：「我們班畢業是一百二十四個人，畢業時我是第八十九名，因為不是前四名，所以就抽籤下基層部隊，當時是陸軍第 168 師衛生營衛生連衛生排長。」

　　原本在楊梅，後來輪調到金門，這兩年的從軍經歷，陳立光就是從基層做起。

　　當軍醫，他的第一次驗屍經驗，是在楊梅、新竹附近山頂的營區。一個小兵和軍營房外面開冰店的阿婆的孫女談戀愛，雙方家庭不同意，小兩口就跑去一座磚窯，躲在裡面服藥殉情。二十五歲的陳立光，彎著腰鑽進到窄小暗黑的燒磚窯走道空間，適應光線後看到躺在地上擁抱的兩具大體，排除了一開始的恐懼後，為兩個年輕生命的消逝惋惜。

　　待在楊梅的時間近八個月，主要在養豬、種菜，那時候的兵都要去助民收割，有軍階的陳立光和同袍不用去，沒事做就溜回臺北，被高一屆的學長向副師長舉報，本來要罰關禁閉，後來被

罰跟著步兵營行軍。只是，一個重裝師有九個步兵營，一個營一行軍就是五百公里，那可是長時間的行軍，而且陳立光跟了五個步兵營的行軍，等於走了兩千五百公里，沿路如果有人中暑或受傷，就由軍醫來看病或做簡單的處置！或許只能慶幸不用跟完九個步兵營的行軍。

但這兩千五百公里的路，陳立光卻覺得他走得很愉快，主要是北橫的風景吧。而且他學會了在戰場如何看軍用地圖、拿羅盤移動陣地，開設野戰醫療站、怎麼保持和友軍連絡，也學到要先知道伙房在隊伍的何處，要告知自己在地圖上的位置，讓人把便當送來，才能填飽肚子。

餘下一年多服役的日子，陳立光所屬的部隊移防到金門，在金門也會輪調。「我們一個師要去金門時，會有一些人先去做一些交接的事情，所以我是最早被派去金門的前瞻人員。金門有四個師，分別在古寧頭、金沙等，有四個地方，而且這四個地方的師還是會輪調的」。

陳立光被派到距離金門最遠的離島——東碇島，去接東碇島的醫療站，原本的醫官是他同班同學楊茂勳，同學要回臺灣本島，換他接手。一個小島上九十幾個軍人，就他一個醫官加兩個醫務兵。理論上一個人輪一次東碇島就可以，但陳立光輪了第二次，因為他打算考研究所，所以去那邊靜心讀書準備考試。

他說：「島上的設備很好，因為是美軍留下來的設備，我一個國防醫學院剛畢業的中尉軍官，那邊的設備是可以做到開腦的手術，一般的醫官大部分都沒辦法。因為我在國防醫學院時經常

跟著爸爸開刀，所以我會開很多刀」。剛好在小島上有機會發揮手術專長。

在島上照顧過最嚴重的是嚴重二至三度燒傷的阿兵哥，他因為天冷所以燒油取暖，結果把兩條腿都燒傷了。因為當時季風太強，無法後送大金門，在島上每天清創換藥，兩個月後居然痊癒了。當然驗屍還是軍醫的當然工作，有阿兵哥趁著站衛兵時，在哨所裡朝著自己腦袋開槍，第一次知道槍傷子彈的出口很大，去驗屍看到腦組織從碗大的傷口滾出來，深感一顆小小子彈的威力！

小島上的生活資源有限，食物、用水都很珍貴。「島上是一個月才來一次運補，颱風季節時，海上只要有白色浪花，運補船就不開，所以我們曾經有三個月都沒有來運補，就全部吃罐頭，島上能吃的草大概也被吃完了，還會用磨完豆漿的豆渣當蔬菜，有米但沒有青菜，因為那座島是岩石島，沒有泥土可以種菜……」在島上生活最難的是用水問題，因為那裡沒有淡水，只能趁著下雨天時接雨水用。每天配給的水大約只有小半盆的臉盆，是要用一整天的。

「用水洗澡太浪費了，我們連衣服也不會洗，所以衣服也很髒，在那裡如果天氣不冷的話，原則上大家都是打赤膊，我們常常在打赤膊在燈塔下曬日光浴」。

陳立光記得期間曾回臺灣度假，居然發高燒，就是用水問題；東碇島上很多狗，狗的大小便、雨水都混在一起，他因為被動物傳染鉤端螺旋體病，導致那次猛爆性肝炎，只能乖乖住院到康復，再回到東碇島。

東碇島在陳立光的記憶中留下了許多有趣又特別的片段。

國防醫學院
微生物免疫研究所

　　醫學系畢業後隨著當兵的時間過去，陳立光覺得自己雖然是軍醫，但不太有機會看病治療，因為診斷病人是需要儀器和一些檢驗，而在部隊裡不能做這些，下部隊兩年後又要輪調到三級野戰醫院，不想浪費時間，他決定考試念研究所，也如願考上國防醫學院微生物免疫研究所。

　　心中還是念念不忘讀完研究所之後能回臨床作外科醫師，因為在就讀醫學系時也會當爸爸的助手，幫忙爸爸開刀，所以一心一意希望走外科，而且想做的是外科的器官移植，也是因此才會在研究所時選擇「微生物及免疫學」，因為免疫排斥與器官移植的成功息息相關。

　　當時系所的指導老師是韓韶華博士（後為國立陽明大學校長），他是美國華盛頓州立大學免疫學哲學博士，是臺灣最早赴美攻讀免疫學的醫師，「老師希望我研究所畢業後到三軍總醫院設立免疫學科，那時臺灣還沒有專門看免疫的臨床專科。」

　　「心中有著移植外科的夢，但老師要我走內科，我深知在醫院中要從內科跨到外科的難度，覺得這方向跟我的人生藍圖背道而馳」，但陳立光不好明白拒絕老師的好意，只回答：「老師，我的學問可能還不夠去創一個新的科。」所以就先留在學校當講師，準備接下來的赴美留學。

博士專攻 T 細胞培養，
解決免疫問題

陳立光在國防醫學院當了兩年講師後，取得公費留美的資格，他選定專長器官移植領域的地方，心裡還是想著念完博士回來就可以去醫院作移植外科。

那是 1981 年的秋天，他申請到紐約市的亞伯特愛因斯坦醫學院（周成功老師推薦）及賓州的天普大學（張仲明老師推薦）兩份免疫研究所的入學許可。因為紐約的巴瑞・布倫（Barry Bloom）教授有作移植免疫的研究，於是決定去紐約拜師學藝。到了該校與 Bloom 教授面談表達了學習移植免疫的來意後，教授立即道歉說移植免疫的研究計畫已停止了，他忘了更新招生資訊，請陳立光參訪該校其他研究主題，是否有興趣願意就讀。

因為與預期落差太大，心灰意冷之下決定打包回臺灣，於是撥了長途電話向住在密西根州的姊姊辭行，「她一聽我要回臺灣，就說遠道來美國一趟，何不到處看看再走？我想也對，既已在紐約，就去拜訪在康乃爾大學心儀已久的波・杜邦（Bo Dupend）教授，他也是作移植免疫的著名學者，一談之後，他馬上歡迎我作他的研

究生，我告訴他有申請了康乃爾大學被拒後，他立即去電入學辦公室，將我的申請檔案從拒絕移到許可的歸類中。」接著去辦公室照完相片，陳立光當天就領到了康大的學生證。「這下事情大條了！我必須回去請 Bloom 教授同意我轉學。」

「因為我是公費留學，拿的美國簽證是 J-1，轉學必須原申請學校同意。」「經向他表達堅定的企圖心要從事移植免疫的研究想轉學後，他再次道歉，同意幫助我轉學，但不同意我轉康大 Dupend 教授實驗室，因為他聽說康大有人事異動，Dupend 教授可能會離開。他列出全世界研究移植免疫最頂尖的五位大師讓我挑選，三位 1980 年諾貝爾獎得主——哈佛的 Benacerrat、麻州總院的 Snell、巴黎大學的 Dausset，以及史丹佛 McDeviff 和明尼蘇達大學的 Bach 教授。」

因為當時已是八月底，前四所大學都已開學，只有明大是四學期制，只好選擇明大。Bloom 教授實現了他的承諾，成功的幫陳立光轉學明大。

他前往美國明尼蘇達大學病理生物學研究所，跟隨全世界第一例異體骨髓移植的執行者巴哈教授 (Fritz H. Bach)，從事細胞免疫的研究，接著 1985 年前往法國巴黎大學學習分子生物學技術應用於免疫研究，1986 年學成歸國。「Dausset 教授是我論文考試委員，在我巴黎大學的博士論文及格證書上的總評是『非常榮耀』。」

「其實外科我沒有那麼急，因為讀醫學院時，我就常去爸爸的醫院，開刀的技巧我早就有了。美國明尼蘇達大學是器官移植的重鎮，因為幾乎所有的器官移植都是從那邊發展出來，第一位做心臟移植的南非巴納德外科醫師，就是在那裡訓練。在美國移植心臟的史丹佛醫學院也是在那邊訓練出來的。

我在美國時沒有跟過刀，我很清楚我要學的就是免疫，解決將來器官移植的排斥問題，因為排斥問題是大部分人都無法解決的，但手術很多人會做」。陳立光很清楚他學免疫的目的。

不管是器官或是骨髓、造血幹細胞的移植，移植能真正成功，一定要解決免疫及排斥的問題，否則，即使手術當下成功，一旦發生排斥也算失敗了。在美國四年半攻讀博士的期間，陳立光做很多實驗，特別是培養細胞，因為「免疫」最重要的是淋巴細胞，B 淋巴細胞會產生抗體、T 淋巴細胞是殺手細胞等，所以在美國的這四年多時間，陳立光最主要就是在做 T 淋巴細胞培養，所以後來他常說「養細胞是我的專長」。

解決排斥問題通常是靠「抗排斥藥物」，這種藥物的作用就是抑制免疫系統，問題是藥物的副作用大，服藥處理了排斥作用，但卻發生感染，因為把人體的整體免疫功能壓下來了。陳立光說明：「所以我們希望不要用這樣子廣效的藥物，而是希望能專門針對『問題』解決，像現在的『精準醫療』就是」。

他舉例目前的骨髓造血幹細胞移植，就是採 HLA（人類白血球抗原 Human Leukocyte Antigen）配對，盡可能六對 HLA 都配對，排斥就會愈小，所以在器官移植時，也會採行 HLA 配對，「但是落後地區的移植沒有進行 HLA 配對，排斥了就用類固醇等抗排斥藥物，但這樣就容易感染。如果 HLA 配得好的話，移植器官就不太會排斥，就不需用太多抗排斥藥物了」。

在陳立光帶了滿身移植免疫學的能力從美國回到臺灣，想要一展所長，卻發現當時臺灣的器官移植醫學還沒有準備好，因為當時還在親屬間腎臟移植手術，甚至異體腎臟移植才剛發展的階段，還沒有導入移植手術前的 HLA 選配規範；當然，在與移植外科主刀醫師、也是學長，討論介入協助器官移植的可能性，但沒得到合作機會，陳立光也隱隱然感受到，只有臨床醫師才能掌握到最重要的醫學資源——病人，也才能印證研究成果。

博士後研究蓄積能量

　　於是他返回國防醫學院任職副教授，教導醫學生，但同時要維持在分子生物免疫上的研究實力與深度，不能中斷，所以持續「博士後研究」；從 1988 年起，就在國防醫學院的校園和位於南港的中央研究院分子生物研究所之間穿梭，一邊教書，一邊做研究；接著 1990 年再次赴美，到紐約西奈山醫學院分子生物學研究所擔任研究員，1992 年在賓州大學臨床研究中心，然後 1994 年再回到臺灣。

　　實際上，陳立光的博士畢業論文很扎實，是累積了發表五篇論文的論文集。博士後研究的進行，延續博士論文的主題，當時他已知道，以分子生物學加上細胞生物學的技術來做免疫學的研究，將是未來的世界趨勢，所以在中研院研究告一段落後，才決定繼續到美國去深造，在分子生物免疫的領域學得更徹底一點。

> **「博士後」**
> 是指獲得博士學位後，在高等院校或研究機構從事一定時期研究工作的階段；非指學位。

在預防醫學院研究所接觸病毒：
從抑制移植免疫到提升感染免疫

博士後研究結束之後，回到臺灣的陳立光再度確定當時臺灣醫界尚無法運用他所學的移植免疫專長，於是，陳立光進到國防醫學院預防醫學研究所服務，研究內容完全轉向，從「抑制排斥免疫」轉成做「提升感染免疫」。

國防醫學院的預防醫學研究所，位於新北市三峽區，當年荒野偏僻的郊區，陳立光就到那裡開始了自己的感染免疫研究工作，一直到退伍，為期四年的時間。感染免疫工作，簡言之，就是做生物武器的防禦，製作生物戰劑自我保護的疫苗。

首次接觸病毒

要發展生物武器，就要用病毒，要做病毒的疫苗，陳立光的人生與病毒結緣，就從這時候開始。

感染免疫的對手可以是各種不同的病毒；雖然自己企圖操控的方向是一百八十度大翻轉，但是從醫學科學的研究方法和精神來說，都是同樣的要將調節機制弄清楚。所以對陳立光來說，也沒什麼適應上的問題，反而是開闢了新世界。

❖ 透過細胞的變化感受病毒的存在

「我們在醫學院的時候，教病毒學的老師很少，因為病毒學本來就是比較新的東西，以前很少。我念國防微免研究所時，班上只有兩個學生，我和另外一位同學，教我們病毒學的就是三峽預防醫學研究所的戴佛香所長。」

那時候對病毒沒有很清楚的概念，因為病毒分類很亂、種類又特別多，完全就只能死記，所以很沒興趣。

但是十多年過去，頂著免疫學博士頭銜的陳立光，在預醫所有任務目標下的工作感覺就完全不一樣了，陳立光說：「因為病毒本來是書上的死知識，但是現在是攤在眼前可以近距離探索的微生物時，就萌生了興趣」。

「我們當時做免疫的研究就是針對病毒，整個就連起來，看得到敵人，也看得見『牠殺你、你滅牠』的互動反應，例如：細胞培養起來，把病毒放進細胞裡，細胞就死得很難看，像是細胞膜破裂、細胞型都散了，本來貼在那邊生長分裂，後來都擠在一起或浮起來、或是本來是各式各樣的形狀，後來通通變成圓的又縮起來……」聽陳立光描述著顯微鏡下的世界，煞是有趣。

病毒，我們在一般光學顯微鏡下看不到，但可以透過細胞的變化來判斷。

陳立光接著說明研究的過程：「因為淋巴細胞可以殺被病毒感染的細胞，這時如果把淋巴細胞放下去，就會看到淋巴細胞一直在分裂；就好比打戰要擴軍，大部分淋巴細胞都不會被感染，數量分裂擴張後，再去攻擊病毒」。

所以病毒不再是一個死的東西，而是一個可敬的對手。

在三峽工作的這四年時間，養成了陳立光與病毒共處的知識與能力。

在電子顯微鏡下看的病毒

大部分是黑灰色系，顏色是後製染上去的，因為病毒比細胞小，光學顯微鏡看不到，所以使用電子顯微鏡；彩色的是光學顯微鏡下的螢光，看病毒感染細胞或淋巴細胞時就會使用螢光顯微鏡。

四十六歲
但教授級的急診住院醫師

在醫學研究的專業道路上，陳立光已經算取得最高成就，但這位醫學博士無法為病人看病，「因為我只有做過實習醫師，沒有做過住院醫師」。也因為與外科醫師閻中原學長討論器官移植免疫的合作未果，讓他理解，要做醫學研究，真正的資源還是在能夠貼近病人的臨床醫師手中。

在預防醫學研究所工作了四年多之後，陳立光決定去完成臨床訓練資歷，接受住院醫師訓練。他認為這是他人生一個大轉折，另外走一條路，就是為了要有診療病人的資格與能力，做個「能看病的醫師」。

而且，他不是要當一般的臨床醫師，他還要繼續（免疫）研究，所以，在選擇專科時，原本耳鼻喉科是他的首選，陰錯陽差的進了急診，但卻實現了他想望的醫師良能。剛好他看了 1995 年上映的電影《危機總動員》（英語：Outbreak），影片中貼切地描述了感染症需要被早期診斷的功能：萬一有疫情爆發，急診室是最前線，有警覺的急診醫師可以馬上進行正確的處置，如隔離病人、拉起封鎖線阻止病菌擴散……而他在成為急診主治醫師

之際時做到了。

「當時想走耳鼻喉科，是因為原本我（實驗）都是做 T 淋巴細胞，人體最大的 B 淋巴細胞是扁桃腺，因為耳鼻喉經常會開刀移除扁桃腺，所以當時的想法就是，我可以一邊當耳鼻喉科醫師，一邊可以做 B 淋巴細胞的研究」。

待在實驗室這麼多年後重回臨床接受住院醫師訓練，陳立光原想進耳鼻喉科後來卻選了急診。老朋友中央研究院院士陳培哲勸他放棄這念頭，因為年紀大了還要半夜值班搶救，但是陳立光反倒認為體力不是問題，因為多年來作實驗，有必要時半夜也得起來。

「接觸病人就會有一個同理心，忘記自己的辛苦。病人會痛、會呻吟、會抱怨，恢復健康了就會笑，這是最美的。」帶著與病人互動的美好想像，陳立光滿心期待想去的醫院卻沒有機會，還在不知下一步的時候，國防醫學院的學長、當時花蓮慈濟醫院的急診室主任胡勝川，發出誠摯的邀請，觸動了心存已久「急診在感控的重要」。

於是 1997 年，陳立光來到花蓮，接受為期三年的急診專科住院醫師訓練。

這三年的訓練期間，穿著短白袍在急診穿梭的陳立光，常常被病人及家屬當成資深醫師，而且處理起來游刃有餘，他說：「可能因為我的年紀比較大，所以人際關係的處理可能比較好一點」。

陳立光發現，醫病之間在急診有糾紛，有時是因為醫師搞不清楚病人需要的是什麼？誇張一點的例子，說不定病人真正的需求只是想要診斷證明書去請假，但假裝有不同的症狀，但他真正的需求是隱藏在這些動作的背面，所以他覺得情況讓他有點困惑時，就會直接詢問病人：「請問你到底需要我們幫你什麼」？這時候病人才會說出他真正想要什麼。回想急診訓練，陳立光快人快語的說：「其實很多病人不會真的要醫院幫他返老還童、藥到病除，他們也不會有這種期望，所以病人真的無理要求的也真的不多，有的就是心急」。

2000 年這一年，他通過住院醫師訓練，取得急診專科主治醫師資格。

2002 年，在急診真的碰到了狂犬病案例！狂犬病屬於法定第一類傳染病，臺灣有多少年沒有狂犬病了，陳立光居然升任急診主治醫師沒多久就遇到，他馬上打電話給當時負責感染管制的王立信副院長，將病人直接從急診送到隔離加護病房，避免後續的傳染可能。

❖ 在悲歡離合的急診現場

急診專科與一般臨床專科有很大的不同，例如：腸胃科門診，可能掛了兩、三百號的民眾，一天看下來的疾病種類都是腸胃有關，或許主要就四、五種病，但急診進來的，可能什麼千奇百怪的病都有，難怪陳立光說：「我覺得急診醫師的工作是很有趣的」！

猜猜各種毒

花蓮慈濟醫院是東臺灣唯一的醫學中心，急重症的後送堡壘，掛急診的原因，有許多跟「毒」有關，也跟大自然脫不了關係，被蛇咬、虎頭蜂叮，都偶爾會發生。少數則是工作的關係，例如在工廠職業中了化學性的毒。

五、六年前曾有太魯閣的巡山員被虎頭蜂叮咬，送來急診時，全身都腫起來，至少被叮了三、四十口，很快就發生血尿、腎衰竭，搶救不及。在花蓮慈院的急診，陳立光說：「若是遇蛇毒還有解藥，但蜂毒跟蜘蛛毒，則完全沒有解藥。蜈蚣、蠍毒也沒有解藥，但是被蜈蚣咬死的還沒有聽過。我們花蓮被海洋生物咬的不多，但那也沒有解藥」。

被咬傷後，若有疫苗還是要施打，比較保險。「有一個花蓮高工的學生，爸爸開車載他回家的路上撞到一隻蝙蝠，他下車去救蝙蝠，結果被咬了一口，就來急診，我們替他打狂犬病疫苗」。

也發生過慈濟大學的兩隻校狗在打架，兩個女學生用手把狗拉開，一個人拉一隻，結果兩個人都被咬，就到急診來打破傷風、處理傷口。陳立光也趁機提醒，「所以狗打架的時候不要去勸架！」

荒誕劇情有時上演

轉眼在急診服務也超過二十年了，陳立光對於生死已有種處之態然的波瀾不驚，倒是不免感嘆於人生的一些荒謬顛倒。

　　曾有企圖自殺的人，急診團隊好不容易把他救回來，得到的反應是：「醫師你幹嘛？！這樣我還要再去尋死一次」。

　　類似這樣的情境，陳立光先是一愣，後來發現，對他們生氣也沒用，費力氣把人救活似乎給對方添了麻煩。也有喝酒醉路倒的人被救護車送來後，先幫他打解酒針，結果病人醒來後先罵醫護人員，因為他是好不容易借到錢才能喝到飄飄然的，急診醫護害他又要再去借錢喝酒……有病人甚至把酒將在礦泉水瓶裡，帶進急診慢慢喝，永遠也不想醒來。

　　「也遇過黑道大哥肚子痛，是胰臟發炎。小弟們跟著大哥一起來，大哥看病時，小弟就坐在我後面。其實大哥水準不差，什麼世面都見過了，人很客氣，再加上他肚子痛，倒是小弟一來就說：『這是我們大哥，你要好好幫他看』」。

　　陳立光只覺得啼笑皆非。他想了想，幾乎在急診沒有正式跟病人有吵架或衝突，幾乎沒有發生病人要打或要罵的情況，當然，精神科病人除外。

　　在急診，被精神疾病的病人罵，急診的醫護已經練就不回嘴、不生氣的能力，因為知道他有精神病，所以不能以常理來對待，陳立光當成是一般病人的詢問：「我到底要怎樣才能幫你的忙」？

　　通常當醫師這樣跟病人講，就比較能跟對方化干戈為玉帛。因為如果繞來繞去達不到精神病患病人的目的時，不能怪他容易發怒。

剛進大學的新生，尤其是外地到花蓮來的年輕人，也會是急診的常客；有些是面臨新環境的不安感，有些或許是覺得面對人生新的階段，壓力太大無法承受。

　　有天有個很漂亮的女生在室友的陪伴下來急診，陳立光問：「妳哪裡不舒服」？這位女大學生說她睡到下午才醒，因為她昨天一個晚上就把整個月的精神科用藥吃完，然後睡了一整天。「妳為什麼要把藥都吃完」？學生笑咪咪的回答：「我想知道死亡的滋味」。聽得陳立光背脊都發涼了，完全無法預料她下一刻要做什麼。

　　有藥癮的病人，也常到急診報到，陳立光的印象中，有一個年輕人從一個大學新鮮人時期就偶爾出現在急診，因為他有自體免疫疾病，經常肚子痛，急診醫護也心疼他，十幾年下來，止痛藥服用久了，當然會上癮，這是不可避免的結局。看著一個活潑年輕的大學生變成一個有藥癮的病人，陳立光嘗試著跟他溝通，自體免疫疾病導致自己的免疫系統攻擊腸子，乾脆開刀把一段腸子拿掉，即使那是最後的放手一搏。

　　後來這位年輕人還沒有嘗試，就往生了，讓陳立光覺得很可惜，如果他試了，會不會有機會有新生活？

❖ 神明的處罰？

談及唯一被病人感到不滿的事，應該是十多年前的一個大年初二。其實過年期間除夕、初一的病人比較少，除夕通常是被鞭炮炸到，初一之後可能有腸胃問題，等到初二就有很多樣的病人來了。

當天救護車送來一位約五十歲的婦女，她是自己走進急診，陳立光問她哪裡不舒服，她說：「醫師，我知道自己是做錯什麼事，神明處罰我」。她繼續描述時，陳立光忍不住打斷她想知道真正原因，因為當時急診等待的人太多了，真的沒時間聽她慢慢說故事。

原來這位女士是在浴室摔了一跤，髖關節會痛，但因為她還能自己走進急診，所以陳立光先開檢查單讓她照 X 光，後來忙到沒時間去看 X 光結果，又因為病人一直說是神明懲罰她，所以決定把她送到精神科，但是過年時精神科病房沒有收病人，所以等到初五才有辦法送進去，她就住在留觀處等床。

離奇的是，從初三到初五的值班醫師每個人查房時都看過這位病人，等到大年初五，精神科醫師會診後收上去在精神科病房住了一個星期，病人還是痛，於是會診骨科于載九醫師，他一看就說是骨折。急診居然把骨折的病人送到精神科，而且精神科醫師也收了！陳立光說：「所以我覺得急診的病人如果顧左右而言他，我們真的很容易被模糊焦點」。

病人對急診很不滿，所以在骨科開完刀後要住院請看護照顧

時就要求醫院付錢，後續便由社工接手處理。陳立光坦白的面對自己的錯誤：「這是我二十年來在急診，唯一認為自己真的有疏失，因為 X 光片我們確實有拍，但忙到沒看」。

離奇的連環錯

有一位年近八旬的男士，因為呼吸衰竭，在門諾醫院經過急救，還是救不起來，趕緊轉送過來。當時病人身上已經有插管，所以就幫他接 Ambu（人工甦醒球），護理師一邊按壓，陳立光一邊用聽診器聽病人的胸部，右邊肺沒有呼吸聲，表示氣管內管插管插得太深了，所以右邊的氣進不去，只能進到左邊，所以就把氣管內管拉回來兩公分，結果病人就醒了。

詢問女兒相關的病史，原來是三天前在家裡跌倒，胸部撞到樓梯欄杆後開始胸痛，到診所看診，醫師幫他打局部止痛藥，可是因為這個病人很瘦，醫師注射時針打得太深，可能把肺戳破了，因為打完不久病人就喘起來，於是立刻送門諾醫院急診，結果門諾插管又插太深，真是連環錯。

病人氣胸的事情是後來才知道，前面以為是插太深，拔起一點就好了，於是拔起一點後就給氧，但過一陣子又昏迷，還好那時候檢驗單已經開出來了，X 光片一看就是氣胸。原本病人被插管插到右邊，導致左邊堵住，但他左肺有破孔，打進的氧氣就跑到破孔的肺，壓到右邊的肺也打不開，幸好，確診是氣胸後，扎一根針把氣放出來，病人就好了。

✤ 情重要還是錢重要？

急診應該是最容易發生醫療糾紛的場域之一，有些時候就是因為家屬不能接受，病人前一刻還好好的，突然出狀況後送來急診，卻救不起來，要家屬在短時間內接受至親最愛的離世，真的非常難。

所以身為急診醫師，在急救的過程中，陳立光的經驗是：「通常就是你救一救就要和家屬溝通，讓他對於最壞的結局能逐漸接受」。一開始一定要跟家屬說明：「很嚴重，但我們還是會努力去救」。給他們一點希望感，中間要經過幾次的溝通，「Delivering bad news」，壞消息的告知是需要技巧，「所以告知時，我會帶我們年輕醫師去學習溝通技巧。

如果沒有這樣慢慢的去溝通，家屬可能會覺得是醫師救得不努力、不認真、很容易放棄」。

透過醫師保持狀況的告知，家屬也能在過程中感受到醫療團隊的努力，萬一病人的生命已敵不過自然法則，就會較能接受了。

記得有一個大學生騎車撞到火車站前地下道的分隔島，送急診來時很快就腦死了，急診打電話通知他的父親，父親完全不能接受，說他現在立刻從臺北趕來花蓮，請醫師務必維持到他抵達，陳立光只好讓急診的維生設備持續著年輕人的呼吸，等到父親到來，見了孩子最後一面，再宣告死亡時間。

陳立光說：「失去親人都是很痛苦的，但這是人之常情，反而不會覺得很特別，會覺得很特別的，是那種很冷靜的、別有意圖的家屬」。他曾遇到家屬對他說：「你先不要宣（告死亡時間），我們要先財產轉移，先分財產」。這種案例不但有，而且還常見。讓人不理解，與家人的感情重要，還是錢財重要？

也曾遇到無理的家屬來要求賠償。因為他們從急診治好離院後的長輩過世了。家屬認為是陳立光沒有把病人喉嚨裡噎到的東西拿乾淨，才會回家後又噎到而去世。陳立光分析，這個病人本身有點失智，但不算嚴重，在急診處置時，清楚記得老人家喉嚨卡到很大塊的蓮霧，清除取出後，老人家還可以在急診病床上說話聊天，確認沒事了才回家的，怎麼又發生重複的事件。後來，透過急診監視器的畫面記錄，可以證明病人在出院前的正常、健康狀態，與後來返家又噎到食物無關。

家屬的作為，讓陳立光不免懷疑，照護失智長者，怎麼能一而再、再而三的餵食很大塊的食物，而不是切小小塊或軟質的食物，該不會是故意的？又是做何居心。

打造東部國家級病毒室

　　而在接受急診住院醫師訓練期間，陳立光教授在病毒學領域一刻也沒有閒著，同時間為東臺灣的醫學研究大添助力。那時在花蓮慈院曾文賓院長的支持下，陳立光著手建構病毒室，恰巧腸病毒的疫情沸沸揚揚，衛生署提出計畫、提供經費，讓有意願研究的單位成立腸道病毒與呼吸道病毒的合約實驗室，而花蓮慈院要從區域醫院升為醫學中心的條件之一也是要有實驗室，一切就這麼地水到渠成。

　　陳立光說：「當時剛好搭上了便車，可以說是一石『三』鳥，既省了經費、通過醫學中心的申請，又補缺了東部防疫漏洞」。

　　2000 年，他取得主治醫師資格的同一年，幫助了花蓮慈院「病毒性感染檢驗實驗室」（其後簡稱「病毒室」）正式掛牌成立。「花蓮慈濟醫院要從區域醫院拚醫學中心時，我還是第二年住院醫師，因為要變成醫學中心，病毒室是評分項目之一，有病毒室就加五分；且沒有限制病毒室等級，所以曾院長就希望我負責設立病毒室」。

「我們就把病毒室的條件開出來，因為病毒會傳染，所以希望是負壓的環境，曾院長評估全院空間，當時有負壓的是核醫（核子醫學科），我們檢驗科也沒有，所以就請核醫科忍痛割愛給我們一小塊地方」。

最早的病毒室，位於感恩樓地下一樓往倉庫下坡的地方，所以門很小，還搭了一個樓梯才能進門，進門後離天花板很近，所以大家都要低著頭才能進去，陳立光形容他進病毒室時的感覺，「每次都會想到戰國時代晏嬰出使楚國的故事，因為每次進門，我們都需要低著頭、爬進去」。後來病毒室重新整修時，門移動到正常的位置，斜坡上的樓梯也拆掉了。

後續在 2002 年 7 月，醫院獲衛生署評鑑通過，成為東部第一家醫學中心，接著在 2003 年 6 月，衛生署在花蓮慈濟醫院建立「SARS 病毒檢驗合約實驗室」，這是 P3 等級的實驗室。

當時為什麼會找一個第二年住院醫師來設立病毒室？因為陳立光已有扎實的病毒研究學養與經驗，而且曾負責「P4」實驗室，所以有能力把實驗室建立起來。最初曾院長要求成立的是「P2」實驗室，於是陳立光以 P4 的經驗去做 P2 實驗室，SARS 期間升級的則是 P3 實驗室。

病毒實驗室有四個等級，從最初階的 P1 到最高階的 P4 實驗室，陳立光說：「P4 實驗室有一個大原則，就是『沒有疫苗可預防、沒有藥可以醫、會透過呼吸道傳染』」。

P1實驗室進行的是不會傳染給人的實驗，國高中生、小學生就可以玩的實驗，像是大腸菌；P2是有傳染力的，對人類是可致病的，例如：綠膿桿菌、金黃葡萄球菌等，因為它有抗生素可以醫治；一般來說超級細菌有抗藥性，但它有可能「超級」到無藥可醫，就需要從二級（P2）升級到三級（P3）。

實驗室等級也牽涉到菌株培養的條件，陳立光簡單說明：「一般在我們檢驗科沒有要大量培養，檢驗完成標本就銷毀了，這種通常在P2。真的要做實驗或廠商要大量養的話，就需要提升，從二級升到三級；如果培養到要養到十公升（菌株），因為有些會用到發酵槽，十公升的話就要升級，例如原來是二級，要養到十公升，就要升三級；原來是三級，要養到十公升，就要升到四級」。

❖ 一級跟二級的設備差異

一級的設備，只要有一般的實驗臺，因為它不會致病；第二級，要有生物安全櫃（biological safety cabinet, BSC），它開一個玻璃門，可以拉上拉下，生物櫃是一個封閉的空間，它的門可以開關，另一個條件是裡面的空氣會一直循環、過濾，不會向外漏，因為要保護操作的人。

❖ 三級的設備：負壓，實驗室有氣流限制

三級的生物安全櫃有兩種，一種是在裡面內循環的、一種是外抽，全部的空氣吸進去以後從風管經過濾網送到室外，這種叫

作「全排式的」；有一種是半排式的，例如 35% 空氣可以再循環，65% 吸出去。三級實驗室的特性是「負壓」，在生物安全櫃裡面的壓力是更低的負壓，所以只會把空氣吸進來，不會流出去，所以三級實驗室一定有氣流的限制。

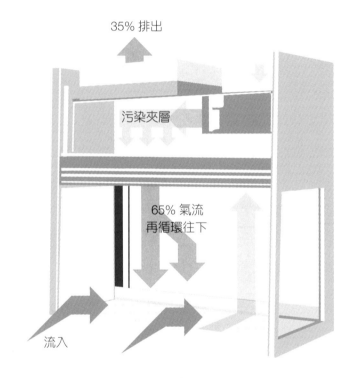

35% 排出

污染夾層

65% 氣流
再循環往下

流入

三級實驗室，半排式生物安全櫃。

2003 年 SARS 期間，政府出錢補助全臺灣七個實驗室，大部分是從無到有蓋一間 P3 等級的實驗室，而花蓮慈濟醫院已有病毒室，所以是採用升級的方式，原本是 P2 等級，切割保留部分空間為 P2，另一個空間升級為 P3 實驗室。

當時其他家醫院因為沒有興建 P3、P4 實驗室的經驗，都需由專人設計監造，而陳立光有經驗，所以花蓮慈濟醫院的 P3 實驗室的設計由他負責，慈濟基金會的營建處負責監造，約三、四個月完工，且順利通過疾管局驗收。

P3 實驗室的其中一個特色，是負壓且需經濾網過濾，要控制實驗室裡的氣流，所以需要設一個效標的指數，了解實驗室裡的空氣是多久過濾一次，計算換氣率。陳立光說：「我們醫院的實驗室應該是當時七家裡最小的，因為空間愈小，換氣換得愈快，當時有些實驗室很大、很寬敞，但換氣率很難達到標準；第二點是如果要空氣換得快，需要買很大馬力的抽風機才能達標，這樣很耗電」。

當時的七家實驗室裡，有很多間在 SARS 疫情結束後就沒有再使用，甚至關閉了，而花蓮慈院這間小而巧的實驗室，十多年來仍然忙著與各種病毒為伍，製作病毒的解藥。

在政府襄助興建 SARS 合約實驗室之前，SARS 病毒剛在臺灣現蹤之後，陳立光帶著團隊先在 P2 實驗室裡研究，等到 P3 實驗室蓋好後才換到 P3 實驗室做。所以研究團隊壓力很大，在等級配備不足、相對危險的 P2 實驗室裡與 SARS 病毒交手，另一個不安因素是不知道 SARS 疫情會持續多久。

P3 實驗室興建完成、審核通過後，SARS 已經消聲匿跡了，但是陳立光這間 P3 實驗室一直在運作，研究包括其他很多符合三級、四級的致病微生物，例如：恙蟲病的立克次體，要求三級以上，還有禽流感 H7N9，也培養了狂犬病病毒。

❖ 四級實驗室

為什麼不是蓋最高等級的 P4 實驗室呢？陳立光回答：「全臺灣的 P4 實驗室只有國防醫學院的預防醫學研究所有，P4 一定要獨立建築，不能在共用建築物裡找一個空間，因為 P4 實驗室如果洩露的話，必須把那個環境全部封死，把空氣都鎖住」。

陳立光也說明他現有實驗室的災害因應：「理論上，如果 P3 實驗室失火，你沒有辦法在裡面澆水，因為一澆水，東西（病毒、細菌等等）就會流出來。其實海龍滅火器很好用，但是現在已經禁止了，它會結合氧氣，一噴下去火就熄滅，是很好的滅火工具，但因為會破壞臭氧層所以被禁止。所以 P3、P4 實驗室建立時，要注意很多安全規範及風險管控。」

再受臨床病理住院醫師訓練
從診斷到治療都設法精準

美國哈佛大學移植與免疫學專家巴茹・貝納塞拉夫（Baruj Benacerraf）及遺傳學家喬治・斯內爾（George Davis Snell）、法國科學家讓・多賽（Jean Dausset）因研究抗原抗體在輸血及組織器官移植中的作用而共同獲得 1980 年諾貝爾生理醫學獎。

這年正是陳立光準備赴美攻讀博士的時間，他們的論文及研究合作方式給了陳立光很大的啟發，甚至在 1985 年從美國到法國巴黎，就是為了跟著多賽教授做研究。

「我當時研讀他們的論文，就想為什麼他們可以有那麼大的發現？我發覺他們跟我一樣是做微生物免疫，可是他們是在病理學系，所以可以拿到很多病人的標本，但我們這裡的一般臨床醫師或生醫科學家就都拿不到。我的法國老闆多賽教授是臨床的醫師，斯內爾教授是做動物實驗，巴茹・貝納塞拉夫教授在哈佛大學醫學院的病理科，這跟我後來做臨床病理有關係，因為要施展研究的結果，要有病人、也要有檢體」。

再當一位住院醫師　成立檢驗醫學部的臨床病理科

成為急診醫師，陳立光彌補了他過去無法看病救人的遺憾；能夠看病之後，他要做研究，但仍無法取得標本，於是 2006 年到 2009 年又再完成住院醫師訓練考取臨床病理專科醫師執照。「急診是要接觸病人，臨床病理是要拿病人標本跟檢體作診斷，所以後來不管病毒、超級細菌、噬菌體，如果不是因為從事臨床病理專業也拿不到，拿不到也沒辦法研究。因為人家沒辦法同時有那麼多資源，所以他們不太能跟我們競爭」。社會上對於人在什麼年紀該做什麼事的基本規範，但這一切對陳立光都不適用。成為臨床病理的專科醫師時，他已經是慈濟大學醫學院的院長了。

陳立光就此串起了從實驗室到臨床到病理暢行無阻的醫學研究路，成為臨床病理專科醫師，他才有機會從檢驗科的病人標本庫取得細菌及病毒，才得以進行實驗。花蓮慈濟醫院原本沒有臨床病理科，當陳立光是全院第一位取到專科醫師資格，也為醫院創設了臨床病理科，隸屬於檢驗醫學部之下。

一般醫院的檢驗醫學科或部，成員都是醫檢師（全稱：醫事檢驗師或臨床醫學檢驗技術師），因此具備「檢驗」能力的醫師，即稱「臨床病理科」醫師，歸屬於臨床病理科。

一般醫院通常是設立臨床病理部，下分為檢驗醫學科與臨床病理科，而花蓮慈濟醫院是檢驗醫學部下，分為檢驗醫學科與臨床病理科。

當臨床醫師和醫檢師之間有什麼溝通不良或需要改進的地方，臨床病理科醫師就可以做為兩方之間的橋梁。

為什麼陳立光連臨床病理科的資格都要取得？因為，他希望「診斷」的工具，他自己能夠研發。臨床病理，就是做診斷技術，簡稱 LDT（laboratory developed tests），中文全稱「實驗室自行研發檢驗技術」。

對一般民眾來說，抽血、收集尿液、糞便檢體，就是由檢驗科的醫檢師用試劑或特定的檢驗儀器開發廠商研發的方法來做檢驗，這統稱為 IVD，「體外診斷系統（或體外診斷醫療器材）（In Vitro Diagnostics）」，而試劑、儀器等，是由生化或生技公司發展製造，必須經過嚴謹的標準作業程序取得執照後，才能量產給檢驗科使用。陳立光分析：「可是這些大的檢驗（生技）公司生產的東西不能滿足我們的需求，因為 IVD 要做出來可能需要五年、十年，像我們藥物研發也是需要花很長的時間，緩不濟急」。

陳立光舉例，他在臨床總是會遇到一些沒有診斷方法及沒有治療藥物的難治病症，「可說是『孤兒病』，少見但還是會發生，這樣的病還是要做診斷，但是沒有 IVD 可用，因為 IVD 需要許可執照，才會有品質保證。我們需要的，還沒被做出來，或是銷路太少，廠商也不想去做，因為不會有利潤。我們需要的東西，市面上沒有，就必須由我們實驗室自己來發展」。

所以，陳立光才得以從診斷到治療通通包辦，例如：以溶瘤病毒治療癌症，以噬菌體治療超級細菌的感染症。

有些醫師或學術專家做研究發表論文可能是為了升等或申請專利，但陳立光是從臨床醫療上碰到的很多問題，例如：沒有好的解藥或好的治療方法，所以他做研究，就是想要解決這些問題，有了研究的能力，加上臨床行醫的機會，一切就順利的結合在一起。

順勢取得分子醫學專科醫師資格——精準基因醫療

陳立光後來再去取得基因醫學的分子醫學專科醫師的資格，原因也跟臨床病理一樣，機緣也是要做精準醫療。花蓮慈院檢驗醫學部分子診斷組的醫檢師，也會去取得分子醫學會的醫檢師執照。

陳立光說：「事實上，分子醫學專科（molecular medicine）就是現在最熱門的基因定序，就是在做 DNA 跟 RNA 的序列問題。我們從基因到現在 mRNA 大家都聽過，現在疫苗就是 mRNA 疫苗，然後到蛋白（protein），這個中間就是 DNA 跟 RNA 的序列研究。分子醫學的命名具有偏差，它其實只重視 DNA 跟 RNA，卻輕乎了產生效用的蛋白質，可是當初被叫做 molecular biology 我覺得非常容易造成誤解」。

因為在我們身體裡面，功能性的分子是蛋白質，DNA 只是依照上面的遺傳的密碼，去做 messenger RNA（mRNA），messenger RNA 去做蛋白質。其實 DNA 跟疾病本身關係的距離是比較遠的，它是間接的，不像蛋白質是直接的關係，所以叫分子醫學（Molecular medicine）或分子生物學（Molecular biology）根本就不能跳過蛋白質只講 DNA 跟 RNA 的事」。

陳立光是免疫醫學博士，早在念研究所、念博士時一直都是朝向這個研究方向前進，用的方法很多就是用分子生物學、用 DNA 的方法來做，而今科技進步，「做 DNA 的定序從本來是很困難的事，很花錢、耗時、耗費精力的事，到近年來變成非常普遍又快速得到的大數據，反而從中解讀成有應用價值的資訊才是真正的專業。」

當醫學院院長五年的收穫

2006 到 2011 年，陳立光多了一個新的職銜和工作任務——慈濟大學醫學院的院長。

符合臨床醫師、具教授資格的教職，同時在進行研究，「三棲」能力的陳立光是當年的第一人選。這五年的院長任期，他有什麼收穫？

原汁原味引進 PBL 問題導向教學模式

陳立光回想：「這五年的收穫很多，剛好這段時間的醫學教育出現很大的改革。傳統的醫學教育是填鴨式的背誦、考試，這時出現『問題導向學習』PBL（problem-based learning）這個教學系統」。

問題導向的學習方式，就是陳立光認為自己學生時代終於對醫學開竅的原因，「我一聽到這個就覺得非常符合我的想法，上課時老師講一些灌輸性的知識，我就很沒有興趣，等到我到醫院看到病人的問題時，就會很想幫他解決問題，我就會去問這個問題到底是怎麼發生的、要如何去解決，那時候沒有 PBL，但我覺得我自己學習就是照著 PBL 在做的」。

問題導向學習的教育方式，最早起源自加拿大的麥克馬斯特大學（McMaster University），之後傳到美國。因此，在臺灣的各醫學院採用二手複製學習的模式，陳立光院長帶著楊治國醫師、朱紹盈醫師，三個人直接到美國取經，到美國林肯總統的故鄉伊利諾州春田市的南伊利諾大學醫學院接受四週的 PBL 師資訓練，將整套教學系統完整引進慈濟大學，成為很好的教學模式。陳立光也親自撰寫了四個教案，即使現在在急診帶醫學生時，也習慣丟問題給學生：「這個病人的問題在哪裡」？

❖ 醫師科學家的推動與願景

擔任醫學院院長期間，陳立光也決定要發展慈濟醫學的一大特色，也就是「醫師科學家」，當時陽明醫學院已有類似學程，但他認為慈濟更適合發展。

因為陳立光個人的經歷，就是從醫學系畢業後先進研究所念博士，才回來做住院醫師完成醫師的基本訓練，他覺得這段路程他做得很高興，所以希望將來醫學生也能尋著這樣的途徑發展，陳立光接著開玩笑地評論：「但是這條路的時間會比較長，可能也要活得長一點才能走這條路」。

因此慈濟大學醫學院修訂「醫師科學家」的整併課程，醫學系七年再加兩年就能同時取得醫師資格與博士學位。

陳立光說：「醫學系的學生都很優秀，大家都是全國頂尖的學生，他們其實會覺得有些課程很無聊，像是生物。他們很多是參加全國奧林匹克競賽的人，高中就已經念完了。

我覺得這樣很浪費時間，所以那時候特別訂了一些讓他們參加一個考試，通過後這堂課就免修，利用那個時間先把研究所的課程上完。等到六、七年的醫學院畢業後，他就可以不用念研究所課程，直接去作研究寫論文，做個兩年論文也許就可以拿到學位。所以一個醫學生十八歲進來，再加九歲，二十七歲就已經拿到醫師博士，時間比較沒有那麼長，年輕人比較能接受。但是後來走這條路的人很少，大部分還是走完臨床後才去念博士，所以並沒有推的很成功，滿可惜的」。

雖然沒有推行成功，「醫師科學家」的概念還是深植陳立光的心中，他說：「其實有的醫師做研究，是看他有沒有對自己的要求。像我看到一個病人，如果我的招數都用完了，會覺得滿無力感！為什麼沒有新的辦法可以幫助病人？明明知道他的病在哪裡！我就想去解決這問題。前人沒有給我們種樹，我們可以自己去種，自己去走出一條路，所以有些就靠自己去研究」。

「當你在臨床上看到，覺得這個病、碰到這樣的病人，卻沒有辦法讓他更好的時候，就想辦法幫他解決。我們現在的醫師就是開處方籤、開藥、開檢驗、開刀，但現在治療開藥的藥不是我

們在做，是藥廠在賣，如果藥廠沒做，我們就沒藥醫，我們就受限於藥廠的研發。我嚮往的境界是唐詩〈尋隱者不遇〉『松下問童子，言師採藥去。只在此山中，雲深不知處。』，而不該是醫師沒有藥就沒招了」。

「所以不管是做噬菌體或是溶瘤病毒，都是我們自己在做，我們已經跨到藥師、藥廠的工作了，所以我覺得很愉快。因為我不喜歡沒有招的感覺，他們不做，我們就不能做嗎？我們就要去做，還做得比他們好，比他們先進」。陳立光接著談到：「西醫的前輩路易・巴斯德和愛德華・詹納等人，他們的狂犬病疫苗跟牛痘也是自己去弄，但現在因為醫藥專業，所以我們醫師能做事反而更少了，因為愈分愈細。所以我覺得做個醫師科學家，你的能力可以擴展，你不只是做個醫師或科學家，甚至有時候還要兼顧製藥及製診斷試劑」。

「我有這樣的能力，就是因為我先念了研究所，所以希望未來的醫學生在出來行醫之前，就把研究所念完」。

陳立光也趁此機會給醫學後進鼓勵：「所以當你看到一個病人時，你會想要有方法來來幫他解決問題。第一個你要有能力並有資格去做，如果我有資格但愛莫能助，那也是沒有辦法；如果我有能力沒這個資格，也做不成，所以希望醫學生們成為醫師科學家，才能享受到臨床與研究的樂趣，並對尋找解答產生興趣」。

一人當六人用決定交棒

慈濟大學從一九九四年十月創校，到陳立光接任醫學院院長時，也成立超過二十年了，但在 TMAC（臺灣醫學院評鑑）的時候，仍被點評有師資不足的問題，面對這個問題點，陳立光反思自己當時的情況，他自己一個人就擔任了六份工作職位（除了慈濟大學醫學院院長，也是花蓮慈濟醫院教學副院長、急診主治醫師、病毒室主任、毒物科主任、檢驗醫學部主任、臨床病理科主任），而且每個都是全職工作，不是兼職的。

他想著自己兼了太多工作以致於模糊了人力匱乏的事實，一方面為敦促招攬人才，也為了改善評鑑的缺點，他決定辭去醫學院院長職務，交給下一位賢德人士，也陸續請辭包含醫院教學副院長、毒物科主任等職務，比較吃力不討好的工作，他仍然不介意的兼著做著。

從診斷工具到治療研發，
現在進行式

陳立光對研究的熱情也會感染到學生的，就有學生為了尋找噬菌體來對治醫院內產生抗藥性之一的 AB 菌，到全臺灣的臭水溝去撈水來做實驗。

而陳立光，這位跟隨過國際最優研究學者的教授、急診醫師，他的病毒實驗室有著上千種病毒，個性卻是一點也不拘束呆板，反而常常是輕輕鬆鬆的樣子，跟他對談，也會跟著放鬆下來。而他對於醫師、對於醫學研究應用的想法，也絲毫不受限，依然天開地闊的積極進行中⋯⋯

待在花蓮轉眼二十多年了，如果你來到花蓮慈濟醫學中心的急診室，依然可以看到陳立光醫師。如果不在急診室，或許他正在校園裡教書，或者，他又鑽進了病毒實驗室，與肉眼看不見的朋友或敵人──病毒、細菌為伍，持續走在醫學進步的道路上，撥開謎團、尋找救命的關鍵鑰匙。

跟一般的醫師不一樣，陳立光很清楚定位自己是一位「醫師科學家」（Physician scientist），他說：「我們現在的醫師被剝奪了科學家那一塊，一般醫師去做基礎研究是沒問題的，但臨床的研究可能需要更深入。

　　我們老祖先的中醫境界是『松下問童子，言師採藥去』，有需要時醫師會自己出去採藥，而現在的西醫，開藥時就開處方簽，處方簽裡面沒有的藥不能用。我們的製藥權是在藥廠的手裡」。

　　必須是藥廠取得藥證後的藥劑，醫師才能開立處方，導致有些病人的治療變得無藥可醫。這一點，陳立光說：「我們在治療上就發現有缺陷，我無能為力，現有的處方藥治不好病人，所以我這個醫師不能甘願，我不能滿意，我要自己來做！」他不認為研發藥物是只有藥廠才能做的事。

　　此外，整個醫療行為是先經過診斷，後面才是治療。在診斷的時候，要靠檢驗的檢驗師，運用生技公司取得執照的檢驗工具來進行檢驗。同樣的，在為病人進行診斷的過程，陳立光又發現有進步的空間，不能等著生技公司開發好的工具，他也決定自己來。藥廠、生技公司可能都有生產利潤的考量，陳立光沒有這樣的包袱，他可以盡情的施展。

　　所以他帶著自己的實驗室團隊，自己去發展診斷的方法，也就是現在最熱門的 LDT（Lab Developed Test，實驗室自行研發檢驗技術）。

　　「檢驗科裡面做非常嚴格的品管，就是要遵照 IVD 診斷系統。可是我們當我們面對病人的時候我想要做更正確、更新、更好的診斷，人家以前沒有辦法的診斷，我希望去做。我甚至希望有個新的藥，來治療這個病人，沒有這個藥，那我也自己來」。

　　陳立光開朗甚至有些驕傲的形容自己「怪胎」，他這個醫師跟其他人不一樣的地方，就是他是一位醫師科學家！站在醫師的角色上，他向前推進，發展診斷工具；向後延伸，自己研發新的藥劑、疫苗、治療工具，所以他研發單株抗體藥物、做新冠疫苗、噬菌體治療、溶瘤病毒治療，一切的一切，就是希望給病人再多一個治癒的希望。